犬ニモマケズ

村井理子

RIKO MURAI

犬ニモマケズ

はじめに

愛犬ハリーがわが家にやってきてから二年半の月日が流れた。振り返ってみると、あっけなく過ぎ去った日々のようだが、書きためた原稿を改めて読み返してみれば、七転八倒の日々だったことがよくわかる。かわいいなあとのんきに喜んでいられたのは、最初の一ヶ月ぐらいだ。それ以降は、日増しにニョキニョキと大きくなるハリーの姿に戸惑い、そのうち、巨体から繰り出される怪力に振り回されるようになる。そして、どうやってこの怪物と暮らせばいいのかと悩む、長い苦難の日々がスタートしたのだった。

最初の一年はひどいイタズラに悩まされた。靴を片方ずつせっせと玄関からベランダに運び、噛み、振り回し、舐め、最後には枕にして寝ていた。椅子の脚には歯形がつき、そのうち折れるようになった。大きなソファーを一年かけてせっせと噛み続け、最後にはとうとう大型ゴミとして処分するほどボロボロにした。何から何までとにかく噛み続け、最後には階段やベランダの床板まで噛んだ。

あまりのイタズラにすっかり意気消沈した時期はあったものの、ハリーを飼ったことについて後悔したことは一度としてない。むしろ、なんて正しい判断だったのだろうと思うことばかりである。家のなかに四十五キロの大きな動物がいることの非日常感は、一生でそう何度も味わえるものではない。自分の横に真っ黒な巨体が横たわっていたり、ぼんやりと座っていたり、あるいは自分の横を共に歩いているという現実は、どんなアトラクションよりも興奮する。

言葉を理解する動物との間で、互いの思いをやりとりすることの楽しさ。動物と喜びを分かち合えることの幸せ。そんなすべてをもたらしてくれるのがハリーだ。

私はハリーの強さと優しさが好きだ。そしてなにより、美しい姿が大好きだ。これから先もずっと、ハリーと一緒に歩いていきたい。

もくじ

1

忘れられない夏

とても暑かった夏も終わりに近づき、なんだかとても寂しい気持ちだ。双子の息子たちにとっては小学生として最後の夏休み。本人たちはどうってことないようだが、母は勝手に感傷的になってしまう。来年は中学生。背はすでに追い越されている。

わが家では連日、宿題をやるのやらないので、小さなもめ事が起きている。ハリーはその真ん中にいて、あっちを見たり、こっちを見たりしては、私と息子たちの間で一体何が起きているのか、心配しつつ探っている様子だ。

私に「宿題はどんな感じなの？」と聞かれて焦りはじめた息子たちは、子ども部屋にハリーと一緒に籠城するようになった（ハリーは当然のような顔をして、二人の後ろにぴたりとついて、部屋に入っていく）。どうも、自分たちのペースで宿題を済ませようと試行錯誤しているらしい。そして「ほら、どんなもんだい！」と、私の鼻を明かしてやろうとの計画だ。

　息子たちがまず用意するのは、ズバリ、炭酸系の飲み物だ。そして、ポテチである。続いて、削った鉛筆に新しい消しゴム、ノート。床にゴミが落ちていたら自分たちでそれを拾い、掃除機をかけ、ベッドのシーツをきれいにして、クーラーのスイッチを入れる。ここまでは私が教えた通りの、子ども部屋の整え方。そして、テーブルにデスクライトを設置すると、二人分の宿題のプリントをきちんと並べる。いいぞ、その調子だ。ここまで済んだらもう安心、あとは宿題をやるだけ。

　それなのに、クーラーがほどよくききはじめた部屋は快適で、まずは一杯と飲みはじめたコーラが美味しくて、思わずポテチを口に放り込んでしまう。ぴしっと整えられたベッドにハリーと一緒にちょっとだけ寝転んでみたら、ああ快適！　結局、そこからゲーム三昧なのである。宿題はどうしたんだよと母は疑問しかない。ハリーは落ちてくるポテチの粉を丁寧に舐《な》めては、うれしそうにしている。

　まあ、よいではないか。正直、六年生にもなった息子たちに、あれをしろ、これをしろとやかましく言いたくはない。なにせ、そういうのは面倒くさくて仕方がないのだ。

そもそも、私自身が八月最後の週に泣きながら宿題を済ませるタイプの子どもだったではないか。誰の宿題であるか、冷静に考えてみればいいと思うのだ。学校の先生から出された宿題は、息子たちのものである。それに対して、母親である私が余計な介入をしたり、気を揉むこと自体、おかしな話であると思う（思いたい）。先生は私に宿題を出したわけではない。だから、私が焦る必要もない。十二歳なんだから、自分のやるべきことは自分できちんと済ませてほしい。いわゆる自主性というものである。来年は中学生だぞ、わかっているのか。君たちがやるべきことをしっかりやってくれるだけで、母は今日もゆっくりと大好きなマンガを読み、ゆったりとした気持ちで家事に勤《いそ》しめる。頼んだぞ。

なかなか進まない宿題以外の側面から言えば、今年の夏休みは忘れられないほど楽しい一ヶ月だった。

まず、遠方から私の友人たちがやってきて、琵琶湖での湖水浴や観光を堪能した。

1

忘れられない夏

友人の息子はずいぶん成長し、ますます聡明な男の子に育っていた。双子もそんな彼のことが好きで、一週間、ほぼ毎日、遊んだり、夕食を共にしたり、ゲームを楽しんだ。私も、退院後はじめて会う友人たちと、ゆっくりと話をし、生きて再会できた喜びを語り合うことができた。

双子はとにかく、一日も休まず川へ湖へと繰り出した。当然、ハリーも彼らと一緒に遊びまくった。オレンジのライフジャケットを着込み、大きな枝をたくさん移動させ、ボールを追いかけ、泳ぎ、一日数時間を湖で運動して過ごし、家に戻ってたっぷり食べて、ぐっすり寝るという犬的には最高の夏だったと思う。人懐っこいハリーは、全浜で出会う多くの人たちにかわいがってもらった。体はよりいっそう大きくなり、全身の筋肉はムキムキである。食べる量もぐっと増えて、成犬の力強さを全身からにじませている。双子とハリーが並んでいる姿を見ると、わが家は男児が三人（三匹？）になったのだなと思うし、今この時期に双子のそばにいてくれるハリーは、宿題に気を揉む母親よりも、二人にとっては大事な存在のように思える。

このエッセイを書きはじめた頃、ハリーはまだ本当に小さな子犬だった。連載が進むにつれ、激しいいたずらがはじまり、家具が次々と破壊され、あまりの怪力に家族が振り回されるようになった。トレーナーさんの助けを借り、やっと落ち着いた頃、今度は私が入院、そして手術を受けた。まさか、こんなに激動の日々を送ることになるなんて、夢にも思っていなかった。ハリーもきっと、寂しい思いをたくさん経験したことだろう。

でも、もうだいじょうぶ。すっかり元気になった私は、ハリーとの日々を今まで通り楽しんでいる。これからもどうぞよろしく、ハリー。

2 ハリーのために

私には今、やる気がみなぎっている。前代未聞レベルと言っていい。暑い夏がようやく終わりを迎えつつあり、徐々に気温が下がったことで、突如として活動量が急上昇しているのだ。なんだかまるで、犬のようであるなと自分でも思う。

心臓の手術によって今までできなかったことが、ほとんど何でもできるようになったこの喜びを、どう表現したらいいのだろう。「犬は喜び庭駆け回り」という童謡があるが、まさに私は今、庭を駆け回っている。毎日、少しでも時間を見つけては、せっせと庭の掃除をしている……買ったばかりの草刈り機を担ぎながら。

最近の草刈り機は有能だ。なんと充電式であり（充電池は三個あります）、軽量かつコンパクトである。その上、静音設計だ。さらっと「軽量かつコンパクト」と書いたが、本当に軽くて、取り扱いが簡単である。これには驚くばかりだ。つい先日、胸骨をパッカリ割って心臓の手術を受けたばかりの私が、鼻歌を歌いながら何時間でも振り回して作業できるほどである。これを画期的設計生産技術と呼ばずして、何をそう呼ぶのか。機械の先端に接続できるアタッチメントの種類も豊富で、ありとあらゆる庭仕事に対応している。これは夢か？　いや、現実だ。そして私は今、この草刈り機を駆使した作業にどっぷりハマっている。

例年、春先から夏にかけてのわが家の庭は、悲惨だとしか言いようがなかった。悲惨と簡単に表現して済ませることも憚《はばか》られる。あれは、まさにジャングルであった。大量の雑草をここまで堂々と生やしている家庭も珍しいのではないかと思えるほど、その背丈は膝のあたりを遥かに超えていた。それだけではない。田舎だからだとは思うが、雑草だかなんだかよくわからない植物もたくさん生えていた。それらは、放置したらそのうち木になるんじゃないかと不安になるほどの背丈に伸びていた。時々、野生の生きものもいたように思う。とにかく、ひどい状態だった。

私はと言えば、そのことを気に病んではいたのだが、どうにもこうにも体が動かな

2

ハリーのために

かった。今となっては堂々と、「動かないのは当たり前ではないか、なぜなら私は病気だったのだ！」と言えるが、当時は震える声で「雑草が野菜にならないかな～」と言うことぐらいしかできなかったのである。

しかし！　今までできなかった作業を、すべて自分でやることに意欲を燃やしている私を誰も止められやしない！　草刈りはその筆頭である。退院が言い渡された直後、ヒマに飽かせて病室から充電式草刈り機とアタッチメント各種、そしてスチーマーと高圧洗浄機を注文した私は、家に戻るやいなや、すべての道具を箱から引っ張り出し、並べ、片っ端から使いはじめた。スチーマーで、レンジフードにこびりついた油を落とす快感。高圧洗浄機で外壁がピカピカになる喜び。そしてなにより、私を悩ませていた雑草のジャングルを根こそぎ倒す幸福感。

思い描いていたすべての作業は済み、家の中も庭も片付いたものの、今度はクオリティを追求するようになった。庭の雑草はすべて刈ったが、もっと高いレベルを目指したい。少しでも雑草が伸びると、また、徹底的に刈り込んだ。一本残らず刈り込んだ。美しく刈り込み、悦に入《い》った。息子も夫もあまりの私のこだわりに、「ゴルフ場みたい……」と啞然《あぜん》として言うばかりだ。

ハリーは、そんな私を玄関に座って不安そうに見ている。私が草刈り機を担いで動くと、真っ黒い大きな目をぎょろぎょろと動かして、一体この人は何をしているのだろうと不安そうにしている。そんなハリーに私は言ってあげたい。すべては愛するお前のためであるのだよ、と。

そう、私は、ハリーのために、ハリーのためだけに、ドッグランを作ろうとしている。大きなものを作ることはできないが、それでも、ハリーがゆったりとくつろぐことができる、彼だけの居心地のよいスペースを確保することはできるだろう。ようやく気温が下がり、これから犬にとっては楽しい季節がはじまる。家の中にいるだけではなく、日中も自由に庭に出て、心地よい風を感じてほしい。ドッグランが完成したら、一緒にぼんやりと山を眺めよう。枯れ葉が落ちはじめたら、一緒に掃除をしよう。天気がいい日は、ランチを食べてもいいね。

雑草を一心不乱に刈り込んでいると、時にハリーの落とし物を高速回転の刃がまき散らすことがある。土に擬態しているかのようなそれは、いつの間にやら、ハリーが

2

ハリーのために

私の目を盗んで庭に落としたものである。当然、私は全身にハリーのそれを浴びることになるが、しかしそんなときでも、私は、新しいことに挑戦する喜びと、ハリーへの愛情で心が満たされ、幸福である。家族は全身汚れた私がドスドスと家に戻ると迷惑そうにしているが、私は一向にかまわない。ただただ、ハリーのために、ハリーのためだけに、庭を整地する毎日である。

自分が行き着く先がどこかはわからない。しかし、そこはきっと、私にとってもハリーにとっても楽しい場所だろう。

3 痛恨の一撃！

腹を立てている。当然、ハリーに対してだ。最近彼は、ちょっといい気になっているのではないか。調子に乗っているのではないか。私がやさしいからといって、何でもやっていいいと思っているのではないか。もしそうであれば大きな間違いなので、一度、はっきり本犬には伝えておきたい。

本連載がまとめられた『犬《きみ》がいるから』の出版を記念して、二〇一八年の十月に東京の書店を巡り、トークショーとサイン会を行った。多くの読者のみなさんが、どれだけハリーのことを愛してくださっているか、どれだけ私の身を案じておられるか（ハリーに引っ張られて骨折などしないか）、熱心に私に語りかけてくれた。そしてハリーへのお土産まで手渡してくださったのだ。私は感激した。これほどまでに愛されてい

3

痛恨の一撃！

る犬がいるだろうか。こんなにたくさんのおやつをもらえるハリーはなんと幸せな犬なのか！　お越しくださったみなさま、誠にありがとうございました。

四日ぶりに家に戻った私を、ハリーは大歓迎した。まるで恋人に一年ぶりに会ったかのように、体をくねらせ、（鞭《むち》のような）尻尾を強く振ってイスを倒していた。しばらく私を追いかけ回し、トイレや風呂の外で座って待つほど、私の帰りを喜んでいた。何かというと横に座り、寝る時間になると私のベッドに無理矢理乗って、安眠を妨害し続けた。とにかく、子犬の頃のようなべったり状態に戻ったというわけだ。

東京から戻ってすぐに、雑誌の取材がわが家で行われた。犬を飼うこと、犬と暮らすことを対談形式で語るという趣旨で、数名の取材陣と対談のお相手がはるばるやってきてくださったのだ。

まずは、普段ハリーが爆走している琵琶湖に向かい、私とハリーと、対談のお相手である書評家との撮影が行われた。私は緊張でガチガチであった。なぜなら、私は長らく彼女の書評を読み、出演されたラジオやテレビ番組を視聴してきたのだ。「ほ、ほ、ほ、本物……」と震える私。そして何も気づいていない通常営業のハリー。ハリーはいつも通り枝をくわえて爆走し、私は固まった笑顔でカメラに収まったのである。

そして取材陣と自宅に戻り、対談が行われた。ハリーは大変機嫌よく、そして愛想もよくみなさんに対応していたが、三十分を過ぎた頃だろうか、突然、私たちが向き合って座るダイニングテーブルの下に潜り込んだのである。たぶん、ヒマだったのだろう。

私はというと、目の前に座っておられる書評家の、膨大な読書量に裏打ちされた知識と文学への愛に溢《あふ》れる話に、ファン丸出しで、ただ、聞き惚れていた。胸がドキドキした。こ、こ、これはまさに生メッタ斬り！

しばらくして、ふと気づいた。ハリーが私の靴下を引っ張っている。おっと、これは珍しい。子犬のときには靴下を狙うハリーにしょっちゅう足に飛びつかれたものだったが、一応成犬になってから、こんな子犬じみた遊びはしていなかった。

当然私は完全に無視した。というのも、仕事に集中していたのだ。私なりに必死に頭を回転させ、犬と暮らすことの大変さ、喜びをなんとか伝えたいと一生懸命に話をしていた。しかし、私が集中すればするほど、ハリーは靴下を引っ張り、脱がせようと躍起になる。

それでも私は無視を決め込んでいた。反応すらしなかった。かっこよく言うと仕事モードになっていたし、普通に言えば、緊張していたのだ。ハリー？　そんな犬知らんわという感じで放置していたのである……足首に強烈な痛みが走るまでは。

なんと、ハリーが私の足を思いっきり甘嚙みしたのである。足首の皮膚の一部をぎゅっとハリーに嚙まれた瞬間、大声が出そうになったが、出なかった。人間ってすごいものである。集中していると、かなりの痛みがあっても悲鳴なんてものはそうそう出ない。

ハリーのいたずらに唖然とした直後、猛烈に腹が立った私は、嚙まれた足でハリーのでっかい頭をぐぐぐっと押した。ハリーはぐぐぐぐと押し返してきた。押す、押し返す、それなら両足で押す、だったら靴下に嚙みつく……という応酬を繰り返しながらも会話に集中していると、なんと、次は反対側の足首をぎゅっと嚙まれたのだ。それも、相当な力で、頑丈な前歯を使って、皮膚を五ミリほど上手に挟んで、まるでペンチでやるように、ぎゅっ！　とハリーは嚙んだ。あまりの衝撃に私がひるんだ瞬間、靴下をくわえて脱がし、走り去った。

取材のみなさんが帰ったあと、「なぁんでもっとちゃんと話すことができなかったんだああッ!!」と、自己嫌悪に襲われて頭をかきむしっている私を遠目に見ながら、ハリーはニヤニヤ笑っていたと思う。まさに、してやったりの顔だ。

「ハリー、お前、いい気になってんじゃないぞ！　みんなにかわいいって言われたからって、カメラマンさんにたくさん写真を撮られたからって、お前は全然えらくないんだ!!　それから甘嚙みするなッ！」

私の言葉はむなしく空回りするだけで、ハリーの心には届かない。今までもそうで、きっとこれからもそうだ。両足首に嚙まれ跡（歯形の内出血）がある私をさらに絶望の淵に落としたのは、その数日後、お気に入りの靴に穴を開けられたことであった。悲しすぎて絶望感しかない。

ああもう、本当にイヤだ！　でもハリーが好きっ！

4 来客のあとで

最近、「普段のハリーってどんな感じですか？」と聞かれることが増えた。私といるときの普段のハリーは、ほぼずっと寝ている。寝ていないときは、食べている。あるいは走っている。もちろん私にじゃれついたり、私のあとを追いかけ回したりしている時間もあるが、そんな時間の最後には、やっぱり必ず寝落ちする。激しく遊んだとしても、長くて五分、程なく寝落ちだ。

なぁんだ、それじゃあ、大型犬って意外に飼いやすいですねぇ？……と言われてしまいがちなのだが、一日のうち、わずかに目を開けているタイミングに彼は精一杯の努力をしていたずらをする。

とはいえ、そろそろ二歳を迎えようとしているわが愛すべきハリーは、さすがの名

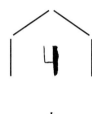

犬である。最近は青年らしき落ち着きが出てきた。そして震えるほどにイケワンだ。もうソファは齧《かじ》らない（まさか！）。階段を食べない（当たり前！）。私の下着を脱衣所から盗まない（まだ時々やってるけど！）。あのいたずら坊主が立派な青年になりつつある。感無量とはこのことだ。先日、お気に入りのシューズに穴を開けられたが、あれは一時の気の迷いか何かだろう。なんでもかんでも口にくわえて、振り回していた時代は遠い過去のこと。最近では、きりっとした表情でイスに座り、穏やかにまどろむ姿が様になっている。

いやはや、自慢ではないが（いや自慢だが）、本当に素晴らしい成犬になってくれた。風格が出てきたと言ってもいいのではないか。いや、「いいのではないか」じゃなくて、いい。堂々と言おう、彼にはすでに風格が備わっているのだと。そして飼い主である私は、自分の犬を褒めすぎて嫌われるのではという懸念を吹き飛ばす勢いで、犬バカが重症化している。誠に申し訳ない。

普段は本当に穏やかで、ぬいぐるみのようなハリーだけれど、お客様が来たときは大いに喜び、はしゃぎまくる。最近はさまざまな媒体から取材していただくようにな

4

来客のあとで

り、これはハリーじゃなくて、ひとえに私の努力によるものだが、なぜだかハリーを主役として取材が進行される機会が増えた。私は小さいことなど気にならない人間だが、最近は、私ではなくてハリーに会いに来る方々が増えたのはどうしたことだろう。東京から雑誌社のみなさんが、新聞社のみなさんが、ペット雑誌編集部のみなさんが、各出版社の編集者のみなさんが、いそいそと滋賀の田舎までやってきてくださる（ハリーに会いに）。普段は無人駅に近い静かな駅に、都会からやってきた、期待に胸を膨らませたみなさんが降り立つと、田舎の風景が華やいで見える。これは、いわゆるひとつの町おこしなのではないか。ハリーが観光大使に任命される日も近いのではないだろうか？

遠方からだというのに、みなさん、ジャージ（あるいはカジュアル&ウォッシャブルな服）を着用されて準備は完璧だ。取材の依頼をいただくと、私は決まって、「もちろん、精一杯制止はいたしますが、万が一、ハリーがジャンピングアタックをした場合でもOKな服装でお越しくださいませ。わが家で着替えてくださってもかまいません」とお伝えする。

申し訳ないことであるけれど、例えばとてもきれいな服をお召しだというのに、ハリーのあの汚い前脚が、ドーン！　ああ、考えただけで面白……いや、恐ろしい。なので、念には念を入れて、みなさまにお伝えしているのだ。そして取材陣のみなさんは、私がお願いした通り、カジュアルな服装でハリーと対面してくださる。ハリーに会うのを心から楽しみにしてくださっているのだ。心から、だ。それなのにハリーったら……。

うわーーーーーっ！！！

きゃあああああああ！！！

悲鳴だ。「かわいい〜、大きい〜」なんて穏やかなものじゃない。うわあああああ！というストレートな叫びである。犬好きですから大丈夫です！　と言っていた方でも、ハリーのガチンコ型愛情表現には、かわいいけど無理ーーー！　なのだ。わかる。わかりますよ……。

4

来客のあとで

当のハリーは、とにかく人間が大好きで、自分に会いに来てくれていることは理解できるものだから、激しくジャンプ&アタックを繰り返す。ひっくり返って腹を出す。さわってくれぇぇぇぇぇ俺の腹をおおおお!!! という顔で、ぐるんぐるんと体をよじって、甘えまくる。ハリーの歓迎の儀は、十分程度は続く。

それがようやく終わる頃、人間全員が肩でハァハァと息をすることになる。そしてだいたいの場合、「いやあ、すっごくかわいい……! かわいいですけど、大変ですね……」という言葉を誰ともなく口にするのだ(シンクで手を洗いながら)。アハハ……この時点になると、私の笑いも途切れがちだ。小さく「ごめんなさいね……」としか出てこない。

取材陣が去ったあとのハリーは、いつもちょっぴり悲しそうだ。ソファに座って、両脚に大きな顔を乗せて、上目遣いに私をじっと見ている。きっと、寂しいのだろう。私がハリーのそばまで行き、まるでパン生地のように、ふわふわで柔らかい顔を両手で挟むと、ハリーは抵抗もせず、瞬《まばた》きもしないで私を見つめてくる。鼻の両側にぎゅぎゅっと口元の皮膚を寄せても、気にするでもなく、なすがままだ。その瞳があまりにも悲しげで美しくて、こちらも悲しくなってしまう。

「大丈夫だよ、また来てくれるよ」

私がそう言うとハリーは、少し安心したように私の膝に頭を乗せ、居眠りをしはじめるのだ。

5 褒めすぎ？

いくらなんでも自慢が過ぎているのではないか……。

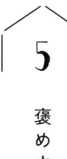

ここ数ヶ月、自分がこれっぽっちの逡巡もなく愛犬ハリーを褒めちぎっていることについて、ふと不安になった。私としては、自然に溢れてきてしまう言葉を、ただ素直に、なんの計算もなく書いているだけのことなのだが、冷静に考えてみれば、相当変な人である。もし周りに自分のような人がいたら……？　病気をしてちょっと調子が悪いのかしら、早くよくなれ〜と心の中で魔法のステッキをくるんと回し、そして少し気の毒に思うだろう。

読者のみなさんは楽しんでくださっているものと考えてはいたが、「そろそろやりすぎじゃね？」と思っている方も、当然いるのではないか。いや、「もういい加減うんざりしてんだよ！」と、若干の苛立《いらだ》ちを覚えている人だっているのではないか。そう考えはじめたら、自信がなくなってきた。賛美も過ぎればただのタワゴト。私はこのエッセイで誰も怒らせたくはない。そろそろ自制が必要なときなのかもしれないと、ソファに座るハリーを抱きしめて反省した。ハリー、これからはお前にだけ、直接言うことにするね……。

ハリーは確かにイケワンで、類い希なる名犬であるが（失礼）、そんなハリーにも弱点はある。えっ、そんなまさか、あのハリーに弱点なんてあるわけがない！（失礼）と思われる方も多いだろう。しかし、ご存じの通り、ハリーは今現在も分離不安が完全には克服できていないし、どうしたってクレートには入らない。わがままなうえに、臆病だ。気の弱さは天下一品である（褒めてません）。

これはすべて、飼い主である私が悪い。私自身が弱いのだ。ハリーに厳しく接することができない、その気の弱さが、見事、飼い犬の性格に反映されてしまっている。彼に対して毅然《きぜん》とした態度で臨まなければならないというのに、やっていることは逆

5

褒めすぎ？

であるのだから、何をか言わんやである。

とりあえず、私はハリーに甘い。ベッドを占領されても、愛されているのだと勘違いしている。前脚で押されても、意思の疎通が完璧だと喜んでいる。袖を食いちぎられても、笑っている。これらはすべて問題行動であるのは明らかで、飼い主である私がハリーに舐められているという、明確な証拠である。

それがわかっているというのに、やはり私はどうしたってハリーを叱ることができない。いや、正確に言えば、叱ることはできるのだが、ハリーが近づいてくると、拒絶することができない。すべて許してしまう。それを動物の勘のようなもので理解しているハリーは、焼きたてのカステラみたいに柔らかい顔を、むぎゅっと私に押しつけてくる。ホカホカだ。これを拒否できる人がこの世にいるだろうか。特大サイズの焼きたてカステラを拒否できる人なんていている？

彼は大きな体に似合わず、かなり臆病だ。私が少しでも動けば、ソファから飛び起きてついてこようとする。私が車のキーを手にすれば、置いていかれてなるものかと必死の形相である。これは、実際のところ、ハリーにとっては気の毒な状態であると思う。私が克服させてやらなければならない課題である。家族が家を出ても、いつかは戻ってくると理解して、リラックスして留守番をすることができるようになるのが理想なのだから。

ということで、ここのところ数ヶ月にわたって、私とハリーは訓練を重ねている。短時間であってもハリーを留守番させて家を出るのだ。ハリーは階段の下で私が戻るのを待ち、私はハリーを待たせて用事を済ませるために徒歩で外出する。これは私自身のリハビリも兼ねていて、私にも必要であるし、彼にも必要な時間だと思っている。ゆっくりとではあるけれど、ハリーは待つことが苦にならなくなったようで、一時間ほど家を空けても、階段の下で居眠りをして待てるようになってきた。家の前まで戻り、家を出たときと同じ場所でハリーがじっと私を待っている姿が玄関横の窓から見えると、涙がじわりとにじんでくる。私も、彼も、一歩一歩、ゆっくりと前に進んでいる。

誰かとか、何かを思いっきり褒めちぎるのは、気分がいいものだ。素晴らしい、美しい、奇跡のようだ！　と、声を限りに叫べば、なぜだか人生のすべてを祝福したくなってくる。私自身は褒められると少々居心地が悪くて、心拍数を意識しつつ全力で走って逃げるタイプだが、それでも、あるとき誰かにやさしく褒められ、気持ちを立て直した経験は幾度となくある。誰かのひと言が人生まで変えることだってあるではないか。だから、これからも惜しまずハリーを褒めていこうと思う。

さあみなさんも、ペットを、友人を、恋人を、家族を、褒め称えようではありませんか。ハレルヤ！

6

小さな喜び

そうなると噂《うわさ》には聞いていたが、去勢後、ハリーは大変な食いしん坊になった。そもそも、ラブラドールは大食漢であることで知られているが、それにしたって、いきなりこうまで変わるのかと唖然である。

最近のハリーは、とにかく何でも食べたがる。用事もないのに冷蔵庫の前に座っている。パソコンに向かって仕事中の私の足元に陣取り、キーボードに伸ばした両腕の間に無理矢理毛深い顔をねじ込んで、上から（つまり私の顔のあたりから）何か落ちてきやしないかと待っている。何やってんだ、このイケワンめ！　と、叱るときにも彼への賛美を惜しまない私は、瞬きもせずこちらをじっと見つめるハリーに根負けし、ついつい、おやつをひとつ与えてしまう。これだからダメなのだ。そんなことはわかっ

6

小さな喜び

ている。でも、荒野をさ迷ったブラッド・ピットが、着の身着のままの姿で目の前に現れ、乱れた金髪を整えることもせず、あなたに食べ物を求めたとしたら？　とりあえずこれでも食べてくださいと、できる限りのものを差し出すだろう。それと同じです（違います）。

　さて、季節はすっかり秋となり、私とハリーが住む琵琶湖周辺の山々も見事に紅葉した。朝晩の冷え込みもどんどん厳しくなってきている。このシーズンになるとわが家のリビングに登場するのは大きな石油ストーブだ。

　今年もすでにリビングの真ん中にドーンと鎮座している。熱量が大きいので、家中温かい。水をたっぷり入れたやかんを天板に置けば、いつでもお茶を淹《い》れることができるし、おでんが入った大鍋を置けば、常にリビングにコンビニのおでんコーナーがある状態となる。そして子どもたちがなにより楽しみにしているのは、焼き芋だ。大きなさつまいもをアルミホイルに包んでストーブの上に置き、じっくりと焼き上げる。これが最高に美味しい。どんなに大きなさつまいもだって、二十分も焼けば部屋中に甘いにおいがふわ〜んと漂ってくる。ソファの上でいびきをかいて寝ているハリーも、たまらずガッシーンと起き上がってくるほど、香ばしくて、甘ったるい、あの焼き芋のにおいだ。私がアルミホイルを触って焼け具合を確認する姿を見ると、ハリーは急いで立ち上がり、私の後ろにぴったりくっついてくる。

過去に飼っていた犬も、この時季の焼き芋が大好きだった。せっかちな性格だったスコッチテリアのトビーは、焼きたて熱々のさつまいもに飛びついては、上顎をやけどしそうになってジタバタしていた。そんなことを思い出しながら、ハリーが口の中をやけどしたら大変だと考え、熱々のさつまいものアルミホイルを剝《は》がし、冷ます。焼きたても美味しいけれど、少し冷ましたほうが、もっちりとして、甘みが増すのだ。

食いしん坊のハリーは、よだれを垂らしながら、指示されてもいないお手を繰り返す。大きな前脚がむなしく空を切る。それがとても気の毒になって、ついつい多めに与えてしまう。ハリーのお気に入りのおやつナンバーワンは、バニラアイスクリームを抜いて焼き芋となった。

ハリーのおやつ好きには頭を悩ませている。とにかく、ドッグフード以外のものをなんでもかんでも食べたがる。そりゃ、欲しがるだけ与えることができたら本犬は喜

6

小さな喜び

ぶだろうが、そうすればあっという間に太ってしまうだろう。そういえば最近、トレーニングセンターで出会う飼い主さんたちに、「ハリー、ちょっと太ったんじゃない?」と言われているのだ。確かにハリーの下半身は、以前より明らかにどっしりした。元々がイケワンなので、少し太ったぐらいでは普通にイケワンだが、精悍《せいかん》な雰囲気は薄れてきたような気もする。それでも明らかにイケワンだが（しつこい）、やはり健康のためにも体重は絞っておいたほうがいいだろう。

そして現在、わが家ではハリーのダイエット作戦が行われている。ゆでキャベツ、ゆで卵、りんご、きゅうりなどなど、さまざまな食材を使ってドッグフードをかさ増しし、ハリーがこれ以上太らないよう気をつけている。寒さが厳しい季節にはなったが、朝晩の運動も欠かしていない。

トレーナーの先生曰《いわ》く、「犬は量より回数!」だという。例えば、犬用のジャーキーをおやつに与える場合、一度にまるごと一枚与えるのではなく、それを十等分にして、十回に分けて与える。犬にとっては、大きなジャーキーも小さなジャーキーも大差なく、何度も与えられることで喜びが増し、満足するというのだ。

飼い主にとっては面倒な作業である。十等分するのも面倒だが、十回も与えるだなんて、どれだけ相手をしたらいいというのだ。でも、愛するハリーのためだ、しかたない。

しかし、なるほどなあと思った。これは人間にも当てはまるのではと思う。大きな喜びが一度にやってくるよりは、小さな喜びを毎日感じるほうが幸せなのかもしれない。一度に大きな悲しみは背負いきれないけれど、毎日少しずつであれば荷を増やしていけるだろう。

私にとっての小さな喜びは、毎朝、足元に寝ているハリーの姿を見ることだ。家族の誰でもなく、私を選んで足元に寝てくれるハリーのやさしさを感じることだ。その温かさ、柔らかさ、重さは、他でもないハリーしか私に与えることはできない。そんなハリーの姿を見るたびに、このささやかな喜びが、いつまでも続きますようにと祈るのだ。

7

愛の別腹

飼い主の様子はどうでもいいんだよという声が聞こえてきそうではあるが、私はとても元気に暮らしている。体調が大変よく、主治医からも「なんだかすごく調子がよさそうですね」という言葉をいただいているほどに元気である。毎日毎日飽きることなく、ハリーがかわいい、ハリーを愛していると言い続けているため、子どもたちにまで疎《うと》ましがられている。

そして当のハリーも、元気で充実した日々を送っている。長時間の散歩とおやつの野菜スティックによるダイエットに成功し、精悍な姿が戻ってきた。まさに、イケワンここにありといった風情である。もうすぐ二歳、ますます充実の男前だ。よっ！近江の黒豹《くろひょう》！

それにしても、この、心の底から源泉のようにとめどなく湧きいづるハリーへの愛は、涸れることを知らないのだろうか。毎日が愛おしさの発見である。角度が変われぱイケメン度が変わる。アザラシに見える日もあれば、ヒュー・グラントの日もある。とにかく、ハリーの存在そのものが、私を幸せにしてくれているとしか思えない。毎日こんなにも心が温かくて、幸福でいられるのはハリーのおかげだ。脳内で何か出ているかもしれないが、それを出させているのがハリーの存在であると信じて疑わない。毎日奇跡をありがとう……としか言えない。

しかし、そんな私を見かねた次男が、先日こう言った。「最近のママはまるで、じいじと同じや」と。

私の義父である三郎a.k.aサブちゃんは、家族に対する愛が募りすぎて空回りするタイプの人で、孫である息子たちから恐れられている。わが家の留守電にはきまってサブちゃんからの熱のこもったメッセージがいくつも録音されている。彼の口癖は、「孫は目の中に入れても痛くないほどかわいい」というもので、それを言われるたびに息子たちは、表情も変えずに「ハイハイ」と機械的に答えている。

7

愛の別腹

ちょっと待て、一緒にするなや！　と思わず反論した。私のハリーへの愛が、孫に対する義父のそれと同じだなんてこと、絶対にあり得ない。目の中に入れても痛くないとか、だからなんなんですか？　私なんて、ハリーを目の中に入れて鼻の穴から出しても全然痛くないですね。むしろ健康法ですね、それは。私のハリーへの愛を軽く見積もってもらっては困るのだ。

私はただかわいがっているだけではなく（いや、義父も孫をただかわいがっているだけじゃないと思うけど）、毎朝毎晩の散歩も欠かさない。フードだって、選び抜いたものを与えているし、自分は面倒くさいからシリアルで済ませる朝でも、ハリーにはゆで卵とりんごを与えたりするほど、彼の世話をしているつもりだ。飼い主だから当然だと言われればもちろんそうなのだが、私が主張したいのは、大型犬の飼育は、かわいいというだけでは難しいということだ。それでは足りないのだ。この違いがわかるか、息子たちよ⁉

寒い日や雨の日には散歩が辛いと思うときもある。それでも、がんばって行く。それは、ハリーのためだけじゃない。自分のためでもある。一人と一匹のゆったりとした時間はかけがえのないものだ。それはとても親密で、宝物のような時間なのだ。もうすぐ二歳を迎えるハリーは、力いっぱいリードを引かないことを覚えてくれた。私にぴったりと寄り添って歩くことを覚えてくれた。この感動がわかる？　この奇跡があなたに見えますか？　かわいがるっていうのはこういうことだと母さんは思うんです!!!（号泣）

辛いと思う日も確かにあるけれど、（リードを引っ張らない）大型犬との散歩ほど楽しいものはない。ハリーの大きな前脚が金色の枯れ葉を踏みしめながら、ゆっくりと前に進む様は信じられないほど美しい。横を歩く私を何度も何度も見上げては表情を確認し、歩調を合わせてくれる彼は、最高のジェントルマンだ。目が合うたびに、ハリーへの愛が募る。愛が溢れて、結婚披露宴のシャンパンタワーのようだ。そのタワーのてっぺんの、きらきらと輝くグラスを手にとって掲げ、こう高らかに叫びたい。

平成最後のイケワンに乾杯……！

7
愛の別腹

なんでこんなにかわいいのかよ、ま……とか、「なんで」と疑問に思う隙すらないほどの愛を、私は犬を飼ってはじめて知った。家族や恋人への愛とは別の愛がこの世に存在するのだ。すなわち、「犬愛」である。犬好きの人だったら絶対にわかってくれる。犬への愛は別腹なのだと。

8

秘められた才能

前の本『犬《きみ》がいるから』でも触れたことではあるけれど、ハリーは警察犬訓練所で生まれた犬だ。それを言うと、「え？　警察犬訓練所で生まれたのに警察犬にならなかったんですか？」と聞かれることがよくある。

ハリーがどのような経緯を辿《たど》って家庭犬として譲渡対象になり、わが家に来ることになったのかはわからない。わかっているのはただ一点、ハリーと私が運命の赤い糸で結ばれていたということだけだ。

さて、先日のことである。この日も私とハリーは相も変わらず朝の散歩に出ていた。私たちのコースは決まっていて、ハリーはそのコースをすでに完璧に記憶している。全長三キロで、あらかじめ危険を回避できるようにグーグルマップとにらめっこをし

8
秘められた才能

て私が作った特別なコースである。道路を横断しなくていいように、地下道を使い、可能な限り車の少ない、人の少ない、かつ安全なルートを歩いている。

この日もハリーはいつも通り、私との散歩をゆったりと楽しんでいた。しかし、歩きはじめて三十分ほど経過したときに状況は一変した。ハリーが突然コースを外れて、別の方向に歩き出したのだった。それも、強い意思を持って、ぐいぐいと前に進みはじめた。

「ハリー、引っ張らないで！」と、私は少し大きな声で言った。ハリーは一瞬リードをゆるめたが、再び、強く私を引っ張りながら前に進んでいく。もしかしたら、近所に住んでいるラブラドール・レトリバーのロイ君が先を歩いているのかもしれない、あるいはジャーマン・シェパードのチンチン（本名なのでそのまま書いております）がどこかにいるのかもしれない。ロイ君もチンチンも大変立派な犬で、体格もハリーと同じぐらいある。ハリーはこの二匹が好きで、痕跡を嗅ぎつけると必死に追いかけることがあるのだ。

ハリーに引っ張られながらついて行くと、とある道路標識の前に辿りついた。ハリーは、そこに結びつけられていた布状のものを嗅ぎ当てたような様子で、あろうことかそれをくわえて引っ張りはじめたのだ。私はハリーを制止しながら、近所の保育園の子どもがお散歩の途中に落としてしまった服を誰かが拾い、ここに結びつけたのだろうと推測した。ハリーはぐいぐいとその布を引っ張り続ける。

「ハリー、そんな乱暴に引っ張ったら破れてしまうよ！」と言いつつ、ハリーが引っ張っているその布をよくよく見ると……　えっ？　これって……？

うちの夫の服じゃない……？

リードを右足で踏んづけてハリーが逃げないようにし、その汚い布を標識から外して広げて見てみた。それは紛れもなく、夫のトレーナーであった。

「ハァ⁉　なんでこんな場所に縛ってあんの⁉」と思いつつ、はっとした。まさかハリーはこれを嗅ぎつけたのか？

夫のトレーナーはとりあえず置いといて、ハリーをめいっぱい褒めた。「お前は賢い！

8

秘められた才能

ハリーよくやった！　よく見つけたぞ‼」と、ハリーの頭を撫《な》でてやりながら私は思った。「もしかしたら警察犬になれていたのかもしれない」と。

ハリーはうれしそうに尻尾を振って、前脚をジタバタさせていた。私も大いに喜び、そして夫のトレーナーをもう一度道路標識に結び直すと（散歩には邪魔だからな）、散歩を再開したのだった。

家に戻って夫にトレーナー発見を知らせると、「ああ、それはこの前、ハリーとの散歩途中に暑くなって縛っておいたやつや」とのことだった。へえ、ハリーとの散歩途中に暑くなって縛っておいたんだ〜としか言えない。なんなの？　ヘンゼルとグレーテル的何か？　全然理解できないけど、まあいいや……（その日の午後、トレーナーは無事回収されました）。

ということで、私が今回強調したいのは、夫の謎行動ではなく、ハリーの探知能力である。普段は寝てばかりのハリーだけれど、本気を出したらすごい子なのである。ハリーの可能性はこれからもどんどん広がって、大空高くまでどんどん広がって、もっともっと広がって、いつか青い地球をやさしく包み込むだろう。話はもう、宇宙レベルである。
ああ、素晴らしい犬が来てくれてよかった！

9

大人の階段

年末年始、ハリーは相も変わらず元気に過ごしていた。凍《こご》えるような雪の日も、みぞれまじりの風が山から吹きつける日も、休まず散歩に出かけていた。

犬の飼い主に課せられた散歩という役割に年末年始はない。どれだけ世の中がお正月ムードであっても、昼間から一杯飲んでいい気分であっても、本犬が休むと言わない限り飼い主は犬を連れて散歩に出ねばならない。

ハリーは家族の誰かが家から出ようとすれば「俺も、俺も！」と、あっという間に散歩気分になる。グーグー寝ていても、一瞬で飛び起きる。ハリーが散歩を嫌がることは、台風の日以外、基本的にないと言っていい。飼い主にとって、冬は特別に根性を試される季節なのだ。

こんなに寒いのに吹きさらしの湖に行かなくても……と思うのだが、ハリーはとにかく琵琶湖が大好きだ。湖を避けるルートにさりげなく誘導しても、途中で策略にはっと気づかれ、結局引っ張られていくことになる。何が楽しいのかはわからないが、とにかく枝を拾うのが大好きで、その趣味だけは譲ることができないらしい。

砂浜に到着するやいなや、大急ぎで走り回ってちょうどいい長さの枝を見つけてくる。それも長くて重いものが好きだ。せっせと集めてきては「ほら、あっちへ投げろ」といわんばかりに、私の目の前にひょいと落とすのだ。

しかたなく、かじかんだ両手で、そのやけに重たい枝を持ち上げる。待ちきれないハリーは、尻尾を追いかけるようにしてクルクルと高速回転する。私が放った枝が弧を描きながら空中を飛び、ハリーは勢いよくそれ目がけて走り、拾って戻ってくる。ハリーは何がなんでも必ず拾って、全速力で戻ってくるのだ。

体が温まるとハリーは、「次は湖面に投げろ」と私に迫ってくる。枝の端っこを引っ張りながら、チラチラと湖面を見る。家に戻ったら風呂に入れないとダメだなあ、靴が濡れるなあとイヤな気持ちになるのだが、期待感たっぷりのハリーの顔を見ると、

9 大人の階段

湖面に向かって投げないわけにはいかない。

再びかじかんだ両手で枝を持ち上げる。強い期待感に体を動かさずにはいられないハリーは、再び高速回転だ。あんまり回るから、ジェラートにでもなってしまいそう。私は精一杯の力で枝を投げる。重い枝だから、両手で持ち上げて支えて、体をくるりと一回転させないと遠くまで飛ばない。私がそうやって病み上がりの体に鞭打って投げたときに、ハリーはすでにスタートを切っている。私の両手から枝が離れる前に、ハリーは湖面に向かって一直線に走り出している。絶対に枝は飛んでくる。絶対にあの人は投げてくれると私を信じているからだ。水温が下がり、濃いねずみ色になった水をたたえた琵琶湖で、体からもうもうと湯気を上げつつハリーは泳ぐ、走る。その姿を見ていると、私はかつてこんなにも誰かに信用されたことがあっただろうかと思わずにはいられない。

私とハリーのコミュニケーションはすっかり様変わりした。以前は、私が何かと彼に言葉をかけ、指示を覚えられるよう工夫していた。ハリーは幼い表情で首をかしげ、大きな耳を揺らしながらじっと私を見つめ、意図をくみ取ろうとしていたように思う。

成犬である今現在、意思の疎通がよりスムーズになったハリーと私は、表情や行動で互いの意思を確認できるようになってきている。ハリーは無駄に吠えることはせず、行動することで、私に何かを伝えてくる。

フードボウルの前に座って腹の減り具合を教えることもそうだし、玄関のドアを前脚で叩いて、外に出たいとアピールすることもそうだ。仕事をしている私の膝に前脚を乗せておやつをねだることも（すごく重い）、退屈だとボールをくわえて持ってくることも、すべてハリーが自分で覚えたことだ。不満があるときには、口を尖らせて、声を出す。あと数ヶ月もしたら実際に言葉を発しそうな表現力で、思わず笑ってしまう。

ハリーが特別賢いというわけではなく、犬とはそもそもこういったコミュニケーションに長けた動物なのだろう。

すっかり成長したハリーと私の関係は、バタバタと激しかった子犬時代のものから、落ち着いた、穏やかな成犬との関わりへと変化しつつある。二歳になり、精神的にも肉体的にも、ハリーは成熟期を迎えようとしている。じっと私を見つめるハリーの表情を見ていると、彼とのこれからの一年が楽しみでならない。きっと私を驚かせるほど成長してくれるはずだ。

10

変わりないよ

先日、ファシリティードッグ（病院などの施設で勤務する犬）のゴールデン・レトリバー「ベイリー」と、ベイリーとともに六年にわたって闘病を続けた人間の「ゆいちゃん」の交流を描いたドキュメンタリー番組を視聴した。ゆいちゃんは、ベイリーとふれあうことで安らぎと勇気を得て、つらく、長かった治療を、そして大きな手術を乗り越えることができた。ベイリーは、穏やかな表情でゆいちゃんに寄り添い、見守り続けた。今までそうしてベイリーが励ましてきた子どもは三千人を超えるという。

そんなベイリーだが、二〇一八年の十月、ファシリティードッグを引退したそうだ。お別れの会でゆいちゃんが言った「ベイリーがそばにいてくれると、入院中のつらいことも忘れさせてくれました」という言葉に感動して、年齢とともにゆるみがちになっ

10

変わりないよ

た涙腺があっという間に大崩壊した。どうかゆいちゃんがこれからも元気で、幸せな人生を送りますように。そしてベイリーが、穏やかな老後を過ごしてくれますようにと祈らずにはいられなかった。

その日の夜、ベッドに入ってからもなかなか眠りにつくことができなかった。ハリーはいつも通り、私の足のあたりに上半身をずっしりと乗せて、いびきをかいて寝ていた。

それにしてもベイリーのあのやさしいまなざしはなんて美しかったのだろう。凛《りん》としていて、控え目だけれど、大きな愛が伝わってくる。とても丁寧で穏やかな挙措《きよそ》は、さすが訓練を重ねているだけある。病気をしている子どもはもちろん、どんな子どもだって、ベイリーのような存在が必要に違いない。親や周囲の大人から与えられる愛情はもちろんのこと、包み込むように穏やかで無垢な愛を惜しみなく与えてくれる存在と、一人でも多くの子どもが巡り会えますようにと願わずにいられない。そんなことを考えるうちに、いつの間にか眠りに落ちていた。

夜中、土嚢《どのう》の下敷きになる夢で起きた。ハリーが重いのだ。両手で力の限り押したけど、一ミリも動かなかった。熟睡できず、何度も体の向きを変えつつなんとか寝て、翌朝、頭痛とともに目覚めた。目の前にはハリーのでっかい顔があった。足元にいたはずのハリーが、夜中、どんどんせりあがってきて、結局、私と顔を並べて寝ていたのだ。それも、私のまくらを半分使っている。目の前に大きくて黒い鼻があり、そこからひっきりなしに大量の空気が、ズゴー！　ズゴー！　と出たり入ったりしている。思いっきり揺すっても、全然起きない。

仕方がないので、布団をかぶって二度寝を決め込んだ。大きな体でベッドの半分を占領しつつ、鼻から激しく空気を出し入れしているハリーの横で、再び思いを巡らせた。

なんだか最近、ずっと気持ちがモヤモヤしていた。もう一月も終わりだってさと、自分の中のもう一人の自分が言っている。私は一体何をやっているのだろう、毎日同じことばかりで退屈で仕方がないと、文句ばかりが湧いてくる。ただ淡々と過ぎていく時間の中で、何かを成し遂げるでもなく、毎日判で押したように同じことを繰り返しているだけじゃないか。家族を送り出し、部屋を片付け、少し仕事をしたらあっと

10

変わりないよ

いう間に昼だ。昼食は残り物でさっと済ませるから、まるでときめかない。そして再び仕事をしはじめれば、ちょうど調子が出たあたりで子どもたちが帰宅し、そこから夜まで家事＆家事……。私は、一体何をしているんだろう。私はこれからどうしたらいいのだろう。何これ、まさかアイデンティティ・クライシス？　と、二度寝しつつ狼狽《うろた》えた。

しかし、相変わらず呆れるほど熟睡しているハリーを至近距離から見つめていたら、はっと気がついたのだ。私が毎日、ひとつだけ成し遂げていることがあるじゃないか。毎日毎日、すごく面倒くさくてつらいけれど、一〇〇％健康的で、やればやるほど運気がアップする気がするし、気分がいいし、誰かのためになることがある。そう、ハリーの散歩だけは休まず行っているではないか！　それってすごくないですか‼　心の中で、まるでフレディ・マーキュリーのように拳を突き上げた。

最近忘れてしまっていた。あまりにも当然のようにそこにいるから、その存在をうっかり当たり前のものとして受け取ってしまっていた。私にはハリーがいる。ハリーが私の暮らしを支えてくれている。ハリーはベイリーのように病院には来てくれなかったけれど、私が長い間家を留守にしていたときに、私の息子たちのそばにいてくれた。

ああ、ハリーよ。ベランダの板を剝がしても、私の革のブーツを引き裂いても、買い物袋からキャベツを盗んでも、君を許そうと思う。

ベッドの中でハリーのでっかい顔を両手で挟み、じっと見つめて私は悟ったのだ。凪《なぎ》の日常を退屈と思えることこそが、感謝すべき幸運なのだと。

夏休みの自由研究

ハリーのごはん帖

直径22センチの
重たい専用ボウル。
この量であれば10秒で完食。

DAY.1

カリカリフードがメインの朝ごはん。ゆでキャベツでかさまし。好物のゆで卵。

DAY.2

ハリーが愛してやまない、ささみとキャベツのスープ。5秒で完食。

これだけ泳がせているのになぜ太るのだと言いたくなるほど、ハリーは太りやすい。四十五キロを超えたその巨体を見るたびに、「なぜ?」という言葉ばかりが出てくる。ハリーがお世話になっている犬のトレーニングセンターの先生によれば、「そんなの食べ過ぎに決まっているわよ」ということである。私はいつも、「減らしてはいるんですけどねえ。おかしいなあ……」と首をひねって答える。先生は「減らし足りないのよ!」と言う。ぐうの音も出ない。

同じドッグスクールで出会った陽気なトリマーさんは、「村井さん、キャベツよ、キャベツ!」と言った。彼女の愛犬はゴールデン・レトリバーだが、本当にスリムで美しい犬だ。毛並みも完璧に整えられているし、飼い主さんの言うことをしっかりと聞く賢い子だ。ハリーみたいに、私を見るやいなやドドドと走ってきて、丸太のような前脚で私を突き飛ばしたりしない。「この子も太ったことがあって、そのときはゆでキャベツでダイエットしたんだけど、痩せたわよ! やってみたら?」ということだった。なるほど、ゆでキャベツねと思った私は、「了解っす! 今からキャベツを買いに行きます!」と言い、スクールを出るとすぐさまスーパーに向

DAY.3

バナナは何本でも食べる。
本当は一房でもいける。

かった。大きなキャベツを買って家に戻り、鍋でゆでた。ハリーは大層喜んでキャベツを食べ、半分食べても満足せず、もっと寄こせと大騒ぎした。さあ食べさせろ、山ほど食わせろと吠えるハリーを見て、このままではわが家は食い潰される……と思ったことは言うまでもない。

普段のハリーがどんなものを食べているのかというと、メインはドッグフード（一ヶ月で十キロぐらい）で、それにプラスする形で野菜や肉などを与えている。キャベツや豆腐を入れてかさを増やすのが大事なテクニックのひとつだ。人間用の料理に使う食材を、ハリー用に取り分けて与えていることが多い。

ハリーのためだけに何かを作ることは、ゆでキャベツ以外はあまりしていない。ハリーのかわいいところは、何を出しても喜んで食べるところである。好き嫌いが一切ない。なんでもかんでも吸い込むように食べている。いや、飲んでいるのか。これは本当に犬なのかと思うほど豪快な食べ方は見ていておそろしい。それでも、野菜たっぷりの健康的な食生活であることは確かだ。アイスクリームなどの嗜好品《しこうひん》はめったにあげないようにしているが、勘の鋭いハリーは、人間がこっそり冷凍庫を開けると、眠っていても飛び起きて走って来るので、時々スプーン一杯ほど与えることもある。それから当然、食材に味付け

DAY.4

かぼちゃはうっとりと時間をかけて食べる。甘いものが好きなようだ。

をして与えることはない。犬に与えてはいけないものも、決して与えないように気をつけているつもりだ。

朝起きるとすぐに食べたがる。それでもなんとか散歩まで待たせる。というのも、大型犬は満腹の状態で運動をしてはいけないからだ（胃捻転《ねんてん》などを起こしやすいそうだ）。散歩から戻ると、ドッグフードが入っている箱の前に走って行って食べたいと要求する。たっぷり食べて満足すると、それから二度寝である。グーグー寝て、そして日が暮れてくると、正確な腹時計が二度目のごはんの時間をお知らせするようで、再び食べたいと要求しはじめる。

食事は基本一日二回だが、それ以外でも、私が何か食べていればすぐに自分も食べようとするし、何か落ちていないかと床をチェックすることも怠らない。食器はXLサイズのものを揃えている。小さくて軽い食器だと、ハリーのガツガツとか、ゴブゴブというワイルドな勢いであらぬ方向に移動してしまうから、しっかりとした素材の、重量のあるものにしている。高かった。それでも動くので、百円ショップに行ってちょうど良いサイズのポールプランタ（植木鉢を支える台のようなもの）

新　刊

人喰い　ロックフェラー失踪事件

カール・ホフマン 著／奥野克巳 監修・解説／古屋美登里 訳　四六判／436P

「人喰い」（カニバリズム）とは一体何なのか。マイケルはなぜ喰われたのか。全米を揺るがした未解決事件の真相に迫り、人類最大のタブーに挑む衝撃のノンフィクション！

2,500円＋税

たぐい　vol.1

奥野克巳／上妻世海／石倉敏明 ほか著　A5判／164P

人間を超えて、多–種の領野へ。種を横断して人間を描き出そうとする「マルチスピーシーズ人類学」の挑戦的試みを伝えるシリーズ、創刊。

1,400円＋税

飢える私　ままならない心と体

ロクサーヌ・ゲイ 著／野中モモ 訳　四六判／288P

あの日の私を守るために食べてしまう。そんな自分を愛したいけど、愛せない。少女時代から作家になっても続く苦悩と辛酸の日々。『バッドフェミニスト』で名高い新世代フェミニズム運動の旗手が、自らの痛ましい過去を告白。1,900円＋税

動物園から未来を変える

ニューヨーク・ブロンクス動物園の展示デザイン

川端裕人／本田公夫 著　A5判／280P

革新的な展示を数多く世に送り出し、世界の動物園のお手本と評されるニューヨークのブロンクス動物園。その展示グラフィックス部門を牽引する日本人デザイナー・本田公夫に作家の川端裕人が聞く。

2,000円＋税

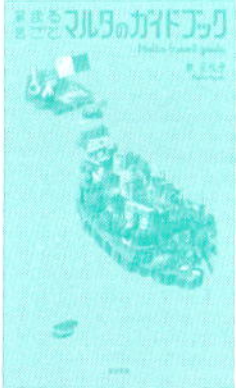

【新版】まるごとマルタのガイドブック

林花代子 著　A5判変型／180P

バカンスや語学留学先として、近年日本でも大きな注目を集めているマルタ共和国。これからマルタを訪れる人に役立つ情報が満載のマルタガイド。現地取材にもとづく最新情報を加えた新版が登場。

1,800円＋税

好評既刊

そろそろ左派は〈経済〉を語ろう
レフト3・0の政治経済学
ブレイディみかこ／松尾匡／北田暁大 著　1700円＋税
日本のリベラル・左派の躓きの石は、「経済」という下部構造の忘却にあった！　アイデンティティ政治を超えて、「経済にデモクラシーを」求めよう。

「新自由主義」の妖怪
資本主義史論の試み
稲葉振一郎 著　2400円＋税
見るものによってその姿を変える「新自由主義」と呼ばれるイデオロギーの正体を、戦後日本の経済思想史を丁寧にひもときながら突き止める！

グリッドロック経済
多すぎる所有権が市場をつぶす
マイケル・ヘラー 著　山形浩生／森本正史 訳　2800円＋税
自由市場と私的所有のパラドックスを明らかにし、経済理解の新しい地平を切り開く、革新的経済論。ローレンス・レッシグ 絶賛!!

新訂第5版
安全保障学入門
防衛大学校安全保障学研究会 編著　武田康裕／神谷万丈 責任編集　3200円＋税
学生、研究者、関係者必携の増補改訂版！　平和安全法制など最新の課題を盛り込み定評のロングセラーを全面改訂。

イスラーム宗教警察
高尾賢一郎 著　2500円＋税
サウジアラビア、「イスラーム国」、インドネシアのアチェ州という、異なる三社会の宗教警察に密着し、これまで知られていなかったその全貌に迫る。

ありがとうもごめんなさいもいらない森の民と暮らして人類学者が考えたこと
奥野克巳 著　1800円＋税
ボルネオ島の狩猟採集民「プナン」とのフィールドワークから見えてきたこと。豊かさ、自由、幸せとは何かを根っこから問い直す、刺激に満ちた人類学エッセイ！

食と健康の一億年史
スティーブン・レ 著　大沢章子 訳　2400円＋税
人間は何を選びとり、何を食べて生き延びてきたのか？　歴史、栄養学、人類学を渉猟するエキサイティングな食の物語。

落語―哲学
中村昇 著　1800円＋税
笑える哲学書にして目眩へと誘う落語論、誕生！　ウィトゲンシュタインからニーチェ、西田幾多郎にいたるまで、古今の思想を駆使しつつ、落語を哲学する。

言葉が足りないとサルになる
現代ニッポンと言語力
岡田憲治 著　1600円＋税
教育現場、会社、メディア、国会など、さまざまな例をあげながら、日本の現状と未来について語り尽くす。言葉の問題をとおして考えた〈現代日本論〉。

白田秀彰 著　1800円＋税

DAY.5

鼻の頭にくっついたパスタでいつも苦戦を強いられる。

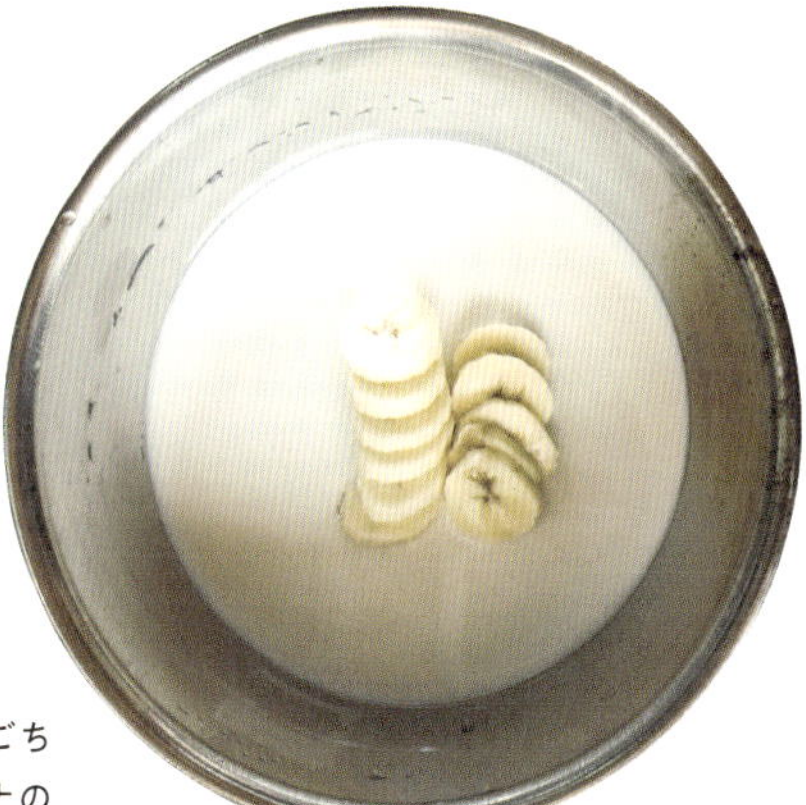

DAY.6

ハリーにとっては本物のごちそう、犬用ミルクとバナナのおやつ。

フードボウルがこうして並ぶと、いてもたってもいられないのだ。

を買ってきて、そこに食器を入れて食べさせるようにした。食器は移動しなくなったが、時折スタンドごと移動し、フローリングに傷がついてしまった。どうすればいいというのだ。

大型犬を飼って人生哲学を得たような気がする。「細かいことを気にしたら負け」というものである。床に傷がつこうが食い潰されようが、小さいことを気にしていたらダメである。そんなことより、ラブラドール・レトリバーに大切なのは体重管理である。こればかりは飼い主の努力と意気込みにかかっている。

11

暗闇の先

ハリーが無理矢理私と寝るようになって、もうどれぐらいだろう。

それまでは、お気に入りのソファ（すでに大破しましたが）の上で夜を過ごしたり、まるでジプシーのように毎日寝床を替えたり、誰かの横でひっくり返ってお腹を出して寝ていたりと様々だったのだが、ここ一年ほどは、明らかに私を狙って、選んで、一緒に寝ようとしている。ハリー用の立派なベッドもある。しかし、それには見向きもしない。

夜の散歩が終わると、次は寝る時間であることを覚えているハリーは、たぶん、玄関に戻ってすぐに「散歩が終わったので寝なくてはならない」と考えるタイプだ。そして、そう考えた瞬間、まぶたが閉じるのだろう。水を飲みながら、もうすでに半分

11
暗闇の先

寝ている。

　私自身は、ハリーの散歩が終わってほっとした瞬間から、パソコンの前に座って、翌日の予定を確認したり、書きかけの原稿を整理したり、ＳＮＳで遊んだりしたいわけだが、ハリーは私のその行動が、どうも苦手な様子だ。

　しばらくはパソコンの前に座っている私の横で大人しくしているのだが、五分ほどすると私の膝を前脚でドガッ！　と押してくる。数回は耐えられるが、あまりに頻繁にやられるとこちらも痛いし腹も立つので、そこからはｉＰａｄに切り替える。読書タイム（そしてゲームタイム）のはじまりである。

　私がパソコンの電源を落とし、ｉＰａｄを手にすると、「よしきた！」とばかりに、ハリーは私のベッドまで激走し、そのままの勢いでベッドに飛び乗る。当然、整えてあるベッドは一瞬でめちゃくちゃだ。

　私はその台無しにされたベッドに座って、とりあえず本を読みはじめる。直後、ハリーはゴゴゴと、まるで地獄の鉄扉が開いたかのような音でいびきをかきはじめ、寝てしまう。その大きな音を聞きながらしばらく本を読み、三十分ほど経過したところで、ハリーが寝ている場所を避けて、なぜか私が身を縮めて窮屈な思いをしながら横になる。ベッドサイドの窓から空をぼんやりと眺める。満月の夜は、ギラギラと光る月を眺めてしばらく過ごす。

誰でも多かれ少なかれ同じような傾向にあると思うのだけれど、冬はどうにも調子が悪い。だるいし眠いし、なにより寒いし、メンタルも不安定だ。私の住む滋賀県北部は、もう二ヶ月も、雨や雪が降ったりやんだりの天気で、まったく気分が晴れない。そんなこんなで、夜もなかなか眠りにつくことができない。ハリーの頭を撫で、大きな両耳の位置を正してやり、やかましい寝息を聞きながら、ぎゅっと目をつぶる。さまざまな思いが頭の中を駆け巡る。

私はこれから先も大丈夫なのだろうか。あと何年、心臓は元気に動いてくれるのだろう。いつまで経ってもそんな不安が抜けない。今年に入ってはっきりと、精神的に完全には立ち直れていないことを自覚するようになった。心の中にぽっかりと開いた、大きな暗闇のような穴を何度も覗き込んでしまう。その闇の先に何があるのか、どうしても確かめたくなってしまう。どれだけ見ても底は見えてこないというのに、どこ

11
暗闇の先

までも永遠に続きそうな、その暗い穴に引きずり込まれそうになる。

ハリーはもしかして気づいていたのだろうか。最近眠れない日が多く、私が夜中まで起きていたことを。だからハリーは、わざわざ私を選んで、一緒に寝ているのだろうか。ハリーは、もしかして私を心配してくれているのだろうか。

……いやいや、いくらなんでもそんなことはあるまい。いくらハリーが奇跡のイケワンで、来年ぐらいには九九を覚えるかもしれない天才犬だとしても、そこまで理解しているはずはないだろう。

それでも私は、眠れない夜には、ぐっすりと寝ているハリーの大きくて柔らかな頭に手を乗せながら目を閉じて、あの暗闇の先をじっと見つめてみようと思う。きっと、きらきらと輝く、二つのまん丸い光が見えてくるはずだ。そのまま辛抱強くじっと見つめ続ければ、ハリーの大きな顔と体がぼんやりと浮かんでくるに違いない。ハリーは目を輝かせながら、口をモフモフと動かし、尻尾を勢いよく振って、こう言うだろう。

「ジャーン！　実はボクでした！」

私の心の中のあの暗闇は、ハリーなのだと考えればいい。ベッドを我が物顔で占領するハリーの体を撫でていると、それが真実のように思えてくる。いや、今の私にとっては、それが真実でいいのだ。

12

春の気配

日増しに暖かくなってきて、なんだかほっとしている。正直な話、真冬のハリーの散歩は修行レベルで辛かった。というか、完全に修行だった。山からは雪交じりのシャーベットみたいな風が吹いてくるし、鉛色をした湖はザブンザブンと荒れまくっているし、どれだけ着込んでいても足元から冷気が上がってきて体がカチコチになるし……。

ニコニコと笑顔で歩くハリーの横で、私の頭の中には滝行のイメージしか湧いてこなかった。その上、突発的なできごとがあると（野生動物を発見したりすると）ハリーの怪力は遺憾なく発揮されるから、リードを握る指がちぎれるかと思うことが何度もあった。

しかし、ようやく、この地域にも春がやってきたようだ。とりあえずご苦労様と自分に言いたい。

ひなたぼっこが大好きなハリーは、春が近づいてきたことを敏感に感じ取っているらしく、ヒマがあると（いや、毎日ヒマなはずだが）ベランダでお腹を出して寝そべっている。真っ黒い体に太陽の光をたっぷり吸収しながら、そよそよと吹いてくる春の風を楽しんでいるように見える。近所の幼稚園の幼い子らに「わんちゃーん！」と声をかけられれば、目をかすかに開いて、長い尻尾をパタリと振ったりもする。とにかく、彼はこんな日常を彼なりに楽しんでいるようである。

私もなんだか楽しい気分だ。仕事を中断して、ベランダにいるハリーと並んでごろりと寝転ぶことが増えた。

ハリーは本当に気のいい犬で、私が横に寝て、なんだかんだと話しかけてもまったく気にならないようで、平気な顔をしている。でっかい体を思い切り伸ばして、大あくびをし、そしてグーグーと寝はじめる。頭をいくら撫でても、体を揺すっても、なすがままだ。まるで、柔らかくて、でっかいサンドバッグみたい。肝っ玉が据《す》わって

12

春の気配

いるのか、これが大型犬の特徴なのか。とにかくハリーはあまり動じない犬だ。

そんなハリーを見ていると、とても神経質だったけれど、愛らしかった犬のことを思い出す。ハリーがわが家にやって来る前に飼っていた、スコッチテリアの「トビー」だ。

トビーはハリーとは対照的に十キロにも満たない小柄な犬だった。ただし、のんきなハリーとは正反対の、テリアらしい忙《せわ》しい気質で、よく吠え、よく走り、よく喧嘩をした。抱き上げられるのを嫌ったし、はじめて会う人を強く警戒する良き番犬だった。飼い主であっても、触りすぎればギャン！　と吠えられたものだ。同時に、留守番をそつなくこなす落ち着きもあった。自分の寝床で日がな一日ゆっくりと過ごすことが大好きだった。つまり、ハリーよりはずっと「我が道を行く」タイプの犬だったのだ。

トビーが、私のすぐそばで過ごすようになったのは、晩年になってからだ。特に、病気になってからは距離が縮まったように思う。毎日たくさんの薬を飲ませ、身の回りの世話をすることが増えたからだろう、トビーはどんどん素直になり、どんどん穏やかになり、落ち着いた表情を見せるようになった。私が出かけようとすると、不安そうに見送るようになったこともよく覚えている。

結局トビーは一年の闘病のあと、あっという間に亡くなってしまった。犬の死は何回か経験したが、これぱかりは慣れるものではない。言葉を持たない動物が重い病となったときの、この世の悲しみのすべてのようなその姿は、消えることなく心の片隅に残り続ける。飼い主にできるのは苦痛を軽くしてやることだろうが、いくらやったって足りないような気がして、後悔ばかりだ。同時に、やれることはすべてやったではないか、それで充分だとも考える。

浮かぶのは、楽しそうに湖を散歩しているトビーの姿だ。あの子は今頃、どこで何をしているのだろう。ちゃんと天国に行けただろうか。

ハリーが来てからというもの、大型犬を飼育することの過酷さにしばらく思い出すことも減っていたけれど、私と今まで暮らしてくれた歴代の犬たちはすべて、間違いなく、私にとっては大切な一頭であり、家族であったのだ。

13

犬と歩けば

私は一応、文章を書くことを生業《なりわい》としている。ここで、若干ビクビクしながら、あたりを窺《うかが》いつつ「一応」と書いているのには理由があって、それは私が素晴らしい作家や翻訳家の作品を読むことをなによりの喜びとしており、そして彼らを心から尊敬しているからだ。

世の中には類い稀なる才能を持った書き手が多くいる。その文章に触れるたび、私ごときが「文章を書くことを生業としている」と宣言しちゃうことの恐ろしさを思い知る。私なんて同じ土俵に上がってすらいない。そもそも国技館に到着してない。こんな現実に落胆するしかない。堂々と胸を張って「私は文章を書いて暮らしている！」とは、なかなかどうして勇気が出ずに、書けないでいる。今、書いたけどな。三回も。

数年前まで、仕事の中心は翻訳だった。主にアメリカやイギリスで出版された書籍を日本語に訳すという仕事だが、近年は翻訳だけではなくて、自分の文章を書く仕事が増えた。つまり、元になる原文がない。自分で考え、自分で書くのだ（当たり前だが）。

こういった「手本となる文章がない」状態で文章を書くことの難しさは、翻訳が仕事の中心だった時期には想像もしていなかった。今までは原文に助けてもらっていたのだなと痛感する。

最近、手本なき状態で文章を書く機会が増え、そしてあろうことか「書けない」と焦ることが増えた。何やら生意気な話だが、パソコンの前で腕を組んで一時間ぐらい悩むことさえある。ああ書けない！　と頭をかきむしり、原稿用紙を両手で丸め、後ろにポイッ！　と投げる代わりにSNSだ。

私も、私も！　と手を上げる同業者の顔がちらほら思い浮かぶが、まったく世の中には誘惑が多くて困ったものである。文章を書き、読者に自分の思いを伝える能力のみならず、厳しい自己管理を求められるのがこの仕事。そして書けないという状況に

13
犬と歩けば

陥ってしまい、暗い穴の底で膝を抱えて小さくなっている自分を救うのも、また自分なのだ。

このように、実際に手も足も出なくなってしまうとき、私はいつも、とりあえずイスから立ち上がり、外に出ることにしている。膠着《こうちゃく》状態にあるときに、「とりあえずイスから立つ」ことと、「外に出る」ことがどれだけ難しいかは、多くの方に理解していただけると思う。それでも、とにかく自分を奮い立たせて家を出て、外の空気を吸うようにする。そしてひたすら歩く。だいたい一時間ぐらいだろうか。家に戻り、そして再びパソコンに向かう。ここで、「やっぱり書けないや！」となったことは、実は今まで一度もない。

記憶している限り、歩いて損したことはない。ひたすら歩いて家に戻って「歩いてしまって腹が立つ」なんて考えたことは、一度もない。むしろほぼ一〇〇％の確率で、「歩いてよかった！　気分は最高！」なのである。歴代の犬やハリーとの散歩を、辛いと言いつつ続けてきて私が確信したのは、足を動かせば、手も頭も動くということだ。

人間とは、体とはそういうものなのではないか。何も手につかない状況にあっても、とりあえず足を動かせば、かすかであれ必ず光は見えてくる。こう確信できたのは、私の人生にとっては大きなできごとだった。

もうひとつわかったのは、感情的な刺激を受けることが、伝えようとするモチベーションに繋《つな》がるということだ。腹が立つ、感動した、泣けた、寂しかった……何でもいい。自分の心が震えるできごとに遭遇すると、そこから私たちは言葉を得て、誰かにそれを伝えようと思う。だからこそ、日常的にさまざまな形で人間の感情を刺激してくれる動物を、私たちは愛でるのではないか。最も身近な彼らから、私たちは日々前進する力をもらっているのかもしれない。

目の前に常にいてくれる、愛、慈しみ、幸福がペットだと思う。わが家の愛の伝道師ハリーは、今日もでっかい体を横たえて、何もしないという重要な役割を必死にこなしている。朝には私の散歩につきあってくれた。そして私は今こうして原稿を書くことができている。

やっぱり天使なのかな、ハリーって。天才なのかな、ハリーって。イケワンであるだけでは飽き足らず、私のモチベーションをどこまでも引き出してくれるハリーは、ロケットの発射台みたいにしっかりと私を支え、そして広い宇宙空間に打ち上げてくれる（話が大きくなってまいりました）。そろそろＮＡＳＡから連絡が入るはずだ。年俸などの交渉はマネージャーである私を通してください。

14

ジューンベリーの白い花

息子たちの春休みがスタートし、連日、やれ映画だ、やれ電車に乗ってどこかに行きたいだ、新しい靴が欲しい、スマホが欲しい、ＬＩＮＥがないと友達と連絡がとれないと朝からやかましく言われ、げんなりしている。

もう一匹の息子であるハリーは、春を迎えてからというもの、おっとりの性格が一段と磨かれたようで、私のベッドのど真ん中を陣取っては恵方巻きのように寝ている。立派な恵方巻きだ。デパートで買ったら三千円ぐらいしそうだ。

手がかからないのはどちらだと言われれば、圧倒的にハリーである。散歩だよと誘えば何も言わずにすっとついてきて、文句も言わずに湖でザバザバと泳ぎ、帰ろうと言えば素直に帰る。息子たちに比べ、奇跡のような理解力と寛容さである。そのうえ、

14

ジューンベリーの白い花

ごはんに文句を言わない。むしろ、これ以上無理というほど喜んで、残さずきれいに食べる。カレーにはうんざりだとか、ハンバーグは手作りに限るなんてことも言わない。息子たちに比べて人間ができている。犬だが。

ハリーにとって、今はうれしい時期だ。というのも、大好きな息子たちが朝から晩までそばにいるからだ。学校があるときは、帰宅時間になるとソワソワして玄関で待つのがハリーの日課であった。それほど、彼らのことが好きで、一緒に遊びたくてたまらないのだ。

今は息子たちの布団に一緒に潜り込んで、遅くまで一緒に寝て、双方がとても幸せそうにしている。息子たちの友達が遊びに来ると、部屋で大きな音で音楽をかけながら、みんなで大騒ぎだ。踊る息子たちに加わって、ハリーもベッドの上でジャンプしているという。ハリーは子どもたちと一緒に遊ぶだけではなく、彼らに合わせることもできる。ずいぶん辛抱強いものである。私なんて十分でギブアップなのに。

二歳を過ぎたハリーは、ますます扱いやすい犬となった。大きくて人のよさそうな顔（犬だが）と温厚な性格は、近所の犬好きのハートをとろかし続けている。ハリーは誰からも愛されている。飼い主にとって負担と言えるのはその大きさと飼育コストだけで、むしろ私たちは多くをハリーから与えられている。

最初の一年は確かに苦労させられたが、それが何だったというのだろう。総合的に考えてみれば、あの日々をすべて清算してあまりあるほど、今のハリーは素晴らしい。長かったようで、あっという間の二年。たった二年でここまでがんばってくれたと思いつつ、よくよく考えてみると、その賢さと学習の早さは、ハリーの時間の流れの圧倒的な速さをも意味している。

子犬の頃の驚くべき成長を見ていれば明らかではあったのだが、大型犬の生きるスピードはとんでもなく速い。飼い主として、日々変貌を遂げる彼の姿に感嘆し、喜びつつも、心のどこかでふと寂しさを感じてしまう。私は悲観的すぎるだろうか。大型犬に限らず、どんな犬でも、猫でも、大半のペットは人間よりも短命なものなのだが、それを改めて考えてみると、なんと不公平なことなのだろうと思わずにはいられない。

長く生きればそれだけ楽しい時間も増えるだろうに、動物ばかりが割を食う。これだけ従順で穏やかな生きものが人間の半分も生きることができないなんて、まったく

14

ジューンベリーの白い花

残念すぎる。それとも、こんな狂った世の中に何十年も暮らすことより、短くとも鮮やかな日々を生き抜くほうがいいのだろうか。

こんなことをつらつらと考えながら、私はハリーを通して自分の時間を考える。息子たちとの時間を考える。十代の息子たちの時間と、ハリーの時間が重なっていることに心から感謝しつつ、同時に、いても立ってもいられないほどの寂しさを抱えている。私の目の前で展開される濃密な日々とその流れに圧倒されながら、この一瞬一瞬が永遠に終わらなければいいのにと思う。

叶わないとわかっていることに限って、強く、強く望んでしまうのは、私が人間だからだろうか。別れを繰り返しながら生きることの意味を、先に行ってしまう命を、考えて、考えて、そんな時間を過ごしている私の庭のジューンベリーの白い花は、もうすぐ満開になりそうだよ、ハリー。

私の人生に突然現れたハリーは、来たときと同様、嵐のように駆け抜けていくに違いない。嵐のあとに空が晴れ渡ったとしても、私はそれを美しいと思うことができるだろうか。子どもたちは、共に過ごした日々を慈しむあまり、辛くはならないだろうか。心配で悲しくなってしまうのは、春だからだと思いたい。

願わくはハリーよ、一分一秒でも長く息子たちのそばにいて、安心を、幸せを彼らに与え続けてほしい。私にはできないけれどハリーにはできることが、この世界にはあまりにもたくさんあるのだから。

15

愛されバディはどこ行った？

息子たちが無事中学に進学し、わが家に本当の意味で春がやってきたような気がする。去年の年末から、制服の採寸、教科書を入れるバッグや文具購入、その他もろもろの死ぬほどめんどくさ……いや、重要な仕事が私の両肩にずっしりと重くのしかかっていた。

今はネットがあるから必要なものを揃《そろ》えるなんてクリックひとつで簡単でしょうと思う方も多いと想像するが、二人の（注文が多い）少年の嗜好《しこう》に合わせて、ひとつひとつ揃えていく作業は、親としての根性を試されているような苦行だった。

私は甘い母親だろうか。適当に買って文句など受け付けなければいいではないかと思われるだろう。そうかもしれないと思いつつ、希望に満ちた新しい生活のスタートには、気に入ったものを持たせてあげたいと考えるのは、悪いことではないはずだ。私の中にも多少はある、これがまさに母心ではないか。それに罪はないでしょう?(誰に聞いているのだ)

私だって、息子たちのためにと必死になりながら、ふと、一体ここまで苦労して何があるというのだと疑問に感じるときもある。同時に、これが放蕩《ほうとう》息子爆誕の契機であったらどうしようなどと悩んだりもする。いや、本気でどっちでもいい話だな……。

とにかく、「疲れた」のひと言だ。大金が吹っ飛んでいったのも、その疲労感に拍車をかけている。式典嫌いの私が卒業式、入学式に出席したことで、そもそも減退していた生命力を余分に削られてしまったのではないかとも思う。病み上がりにはキツすぎるだろう。人生の荒波、ちょっと高めじゃない?　こんなに心がざわついているのは、私だけなの?

あまりの気持ちの落ち込みに、美しく咲いた桜を見ても、儚《はかな》さだけが胸に迫ってくるようになってしまった。そして、息子たちが連日持ち帰る大量のプリントを前に、

15

愛されバディはどこ行った？

私の脳は動きを完全停止している。

おまけにハリーが四十キロを軽く超えてあだ名が「恵方巻き」になってしまうほど丸くなった。顔は今まで通りのイケワンだが、胴体部分はくびれゼロだ。ドッグスクールに行けば「あんなにかっこよかったのに〜」と残念そうに言われ、「ボクが太ったのはボクが悪いんじゃないでちゅ〜」とハリーの心を代弁してくれる方が現れ、その通り、私が悪いんスよと反省するしかない。

ハリーの場合、散歩は足りていると思われるので、原因は当然食べ過ぎである。そこは人間とまったく同じで、犬だけ別の理由があるなんてことはめったにないだろう。食べ過ぎだったら与えなければいいじゃないということなのはわかっているのだが、わかっているのに太らせてしまったのには理由がある（と、言い訳したい）。

とにかくハリーの要求は激しい。頭突きにはじまり、トイレマットを引きちぎる、布団を振り回す（それも敷き布団）、イスをなぎ倒す……とにかく一粒でもいいからドッグフードを食べさせろと人間を煩《わずら》わせる。座っているイスごと私を冷蔵庫まで運んで食べさせろと主張する。それでも無視を決め込むと、大声で吠えはじめ、部屋の中を走り回るのだ。あの巨体で走り回ると何が起きるかというと、「空き巣に入られたかな?」レベルで部屋がめちゃくちゃになる。そして最終的には、全力で吠えまくる。ハリーの吠え声は本当に大きくて、真横に雷が落ちたかと思うほどだ。耳がキーンと痛み、五分と耐えられない。

今までは、蒸し野菜やフルーツを用意してそんなハリーの要求をなんとか満たしていたのだが、先に書いた通り、ここ数ヶ月は人間の息子たちのための作業に翻弄されていた。だから、それまで冷蔵庫に鎮座していたハリー用の蒸し野菜や果物が入った巨大タッパーが、市販の犬用ジャーキーやクッキーの袋に代わっていたのである。そりゃ太りますよ。ええ、わかります。わかってます。

というわけで、息子たちの入学がつつがなく終了し、順調に通学がスタートした先日から、再びハリーの蒸し野菜ダイエットもスタートしている。朝一番にキャベツと鶏胸肉をフライパンでたっぷり蒸して、冷蔵庫に入れておく。ゆで卵や水切りヨーグルトも準備するようにしている。暖かくなってきたので、朝の散歩は琵琶湖での湖水浴をメインにし、再び近江の黒豹と呼ばれるその日まで、鍛えに鍛えて、愛されバディを手に入れなくてはいけないハリーである。

私も徐々に普段の元気を取り戻しつつある。生活の大きな変化に、いつも心が負けそうになる私だが、この春もなんとか乗り切ることができそうだ。

新しい生活のスタートに心が揺れているみなさん、私でも大丈夫だから、きっとあなたも大丈夫。辛くなったらボクの大きな顔を思い出してくださいねと、さっきハリーが言っていました。

16

心破れて

私としたことが、気疲れでボロボロだ。ここ数ヶ月は、小学生から中学生となった息子たちの進学・入学準備に翻弄され続けた日々だった。それだけならここまで疲労することもなかったかもしれないが、わが家には小さな事件を次々と起こすハリーがいる。まだ若犬だから当然だと言われてしまうのを覚悟で率直に書くが、ハリーは私が思っている以上に、まだ子犬なのだろう。

子犬が子犬として振る舞うことは、これっぽっちも悪くない。確かにハリーの場合は見た目とのギャップが甚《はなは》だしいが、威圧感のあるルックスで振る舞いが幼いのは、彼の愛らしい特徴であるとも言える。この境地に達するまでにほぼ二年六ヶ月の月日が流れたわけだが、それ自体が問題ではないのであって、結局、次々と発生する行事

16

心破れて

に四苦八苦している私が、いろいろな意味で等身大のハリーを受け止めきれなかったのが敗因である。

心労がピークに達したのは、卒業式、入学式、そしてはじめての授業参観が終了し、家庭訪問がはじまった頃だった。

ふと、「先生がわが家に来るときにハリーがいたら、大変なことになるのでは？ これは危機的状況？」と気づいたのだ。ここで賢明な読者のみなさんはお気づきでしょう。「村井はいつも読みが甘い」と。

私だってそう思う。少し考えてみればわかることではないか。いつもギリギリになって慌てふためき、挙げ句の果てに「心が疲れた」と、さも自分以外に要因があるかのように書きはじめるが、そうなる前にやれることが山ほどあるだろうという話である。でも、わかっていてもそうなってしまうのが私という人間であって、年齢の割に行動が幼稚なのはハリーとお揃いだ。

家庭訪問の日程が早かった長男の担任の先生には、連絡帳で「大きな犬がいます」と〝犬〟の部分を赤いマジックで強調してお伝えしていた。当然、お世話になっているドッグスクールに預かってもらえばそれで完璧なのだが、曜日によってはこちらの希望通りにならないのは仕方がないし、ハリーにも来客に慣れてもらう必要があるのだ。いつまでもこういったシチュエーションから逃げてばかりはいられない。だからこそ、あえてハリーとともに難局を突破しようと試みた（やめておくべきだった）。

ハリーを一目見た先生は、明らかに動揺していた。当然だ。私は猫好きでもあるけれど、猫がハリーほどの大きさだったら動揺するだろうし、釣り上げられた大魚のように跳ね回って歓迎する姿を間近に見たら、申し訳ないが走って逃げるだろう。結局、ハリーは先生と話すあいだリビングからは離れた部屋に閉じ込めたのだが、最初から最後まで、時折響いてくる「ドーン！」という大きな衝突音に私は戦々恐々とし、先生には「お母さん、わんちゃんが暴れているようですが……？」と気を遣わせてしまった。その日の夜は泣きそうだった。

次男の担任の先生が家庭訪問に来たときには、完全にギブアップモードだった私は、玄関前に停めたクーラーをきかせた車内でハリーを待たせた。ハリーは車中でじっと大人しく座っていたが、横を通り過ぎる先生を大きな黒い目でギロリと睨《にら》むことは忘

16

心破れて

れなかった。

後日、次男が先生に「犬は大丈夫でしたか」と聞くと、「車の中にいても圧がすごかった」と言っていたそうだ。圧……！　ハリーはまさに、圧の高い犬だ。

家庭訪問のあともバタバタとした日常は続き、ハリーをドッグスクールで預かっていただく機会も増えた。先生や犬仲間とすっかり打ち解けているハリーにとっては、楽しい時間だったと思う（先生によると、走り回る仲間たちを尻目にハリーは常に寝ているらしいが）。いつまでも「ハリーの過剰すぎる歓迎問題」から逃げていてはいけないと、飼い主としては思っている。だが、私の悲壮な決意は今回もあっさりと粉砕されてしまった。

普段はとても大人しいハリーは、日常が戻れば私になんのストレスも与えない最高のペットだ。私にとって、これ以上ないほどかわいい存在であることに変わりはない。こう書いている今も、私の足元にサンドバッグのような姿で静かに寝ている。確かに見た目はサンドバッグだが、とても愛らしい。

つまり、私の心を時折疲れさせるのが彼であるならば、私の心を癒やすのも彼なのである。大型犬飼育の現実は結局のところ、こんなことの繰り返しなのかもしれない。
ずっしり重いハリーの頭を撫でながら、そう考えている。

17

かわいいだけで、それでいい

最近、ペット関連の取材を受けることが増えた。わがままバディのハリーに翻弄されている私が、遠くから見ているぶんには面白いからなのではと想像している。それはありがたい話なのだが、答えに窮する質問がある。

「子どもの教育にペットの存在はどのような意味を持つか」というものだ。

「子どもの情操教育のためにペットを飼う」とはよく聞く話だし、その目的でペットを飼いはじめる親も多いだろう。私はそれを否定しない。

確かに、ペットの世話やペットと暮らすことを通じて、子どもも大人も学ぶことは多い。当然ながら相手は生きものなので、人間側が生活の一部を譲り、共存していかなければならない。ペットを飼うことの最大の困難もここにあり、きっとそこから何か学ぶことがあるのではと考え、ペットを飼うのだろう。それは間違いではないのかもしれない。

しかし正直なところ、子どもが「動物と暮らすことに伴う困難」を、その「命の意味」を、生身の動物から学ぶ必要はどれぐらいあるだろうかと疑問に感じている。私には、その点がよく理解できないから、なんとも答えようがない。

というより、動物の命がはじまり、そして終わる様を見て、子どもが受け止めることができる学びに限界はないのだろうか。現実を目の当たりにしたとき、小さな心でそれをすべて受け入れることができるのだろうか（そして、それを受け入れさせる必要性はそもそもあるのだろうか）。大人が考えるほど子どもの心は単純ではなく、もっともっと複雑で脆《もろ》いものではと思わずにはいられない。

子どもの頃に飼っていたペットのことを思い出すと、心がとんでもなく痛むのは私だけだろうか。あの時代（私の場合は昭和になるが）、ペットの寿命は今よりもずっと短かった。庭に繋がれたままの犬は近所にたくさんいたし、予防できるはずの病気で死ぬペットも多かった。わが家にいた犬も、猫も、鳥も、亀も、今よりはずっと過

17

かわいいだけで、それでいい

酷な環境で暮らし、静かに死んでいったのだ。そういう時代だからと片付けることもできるだろう。

しかし、私はどうしたって、あの頃の自分を責めてしまう。お友達が誘いに来たら、私の担当だった「犬の水を替える」という役割をサボって外に飛び出していったあの日の自分を恨めしく思う。楽しく遊んで家に戻ったら、犬の水入れは空っぽだった。犬は寂しそうだった。あのときの自分に、もう少し愛情と動物への理解があったらと、どうしたって考える。結局のところ、ペットと暮らした子ども時代の経験から私が得たものは、後悔が大半だ。決してそれだけとは言わないが、それが最も強烈に残っている。

だから私は、子どもたちにハリーの生きる様を、あえて「教え」として見せようとは思わないし、世話を言いつけることもしない。心身共に成長過程にある子どもたちが、動物への理解を深めることには限界があるに違いないと思いはじめているからだ。今子どもには、「動物って素晴らしいな」と感じる、その心ぐらいで充分ではないか。健康的に生きる動物と一緒に暮らす、その楽しさだけ感じてくれればそれでいい……

少なくとも、わが家では。

動物の世話の中で最も重要な部分（例えば定期的な検診であったり投薬であったり、新鮮な水と良質なフードを与えることであったり）は、大人が責任を持って行うべきことだと私は思う。

つまり、「子どもの教育にペットの存在はどのような意味を持つか」ではなく、「子どもの教育を担う親に、ペットの存在はどのような意味を持つか」であるのだろうと考えている。親のペットに対する行いが、子どものペットに対する将来的な行いのスタンダードになることはたぶん間違いない。子どもの動物への愛情を育むのは、人間の、つまり親の仕事であって、動物が命をもって示すことではないように思える。

なんだかんだとつらつら書いたが、ペットは一緒に暮らし、そして与えうる限りの愛情を、ドバドバと与える相手だ。ようこそわが家に来てくれました、これから全力であなたを甘やかしてあげますと、迎えるべき存在だ。

だから今日も私はせっせとハリーをかわいがり、そのでっかい体にどんどん愛情を注ぎ込む。ハリーは私の愛情をあっけらかんと当然のようにすべて受け取って、そしてわがままバディが完成したのである。

18

傷だらけの俺たち

私の人生、いつになったら少しは余裕が出るのか、誰か教えてほしい。息子たちが中学に進学したことで、一日のスケジュールが大きく変わってしまい、それに慣れることができないままでいる。

さまざまな学校行事が重なっていること、ＰＴＡ役員になったこと、やんちゃな……いや、感受性豊かな次男が次々と問題を……いや、ちょっとしたハプニングを私の人生に運んでくること、そんなあれこれがすっかり私の生活を慌ただしいものにしている。そろそろスローダウンしたいと考え続けて、はや数ヶ月である。気がつけば二〇一九年も半分が過ぎていた。

しかし、一年の折り返し地点である今月になって、わが家はよりいっそう慌ただし

18

傷だらけの俺たち

いことになってしまった。実は、長男が学校で転倒し、左肘を骨折してしまったのだ。担任の先生から緊迫した声で電話があり、病院に車を走らせると、青ざめた顔をした長男が腕を抱えて受付で座っていた。華奢《きゃしゃ》な体が、余計に弱々しく見えた。幸いなことにひどい骨折ではなかったが、医師の診断は全治一ヶ月から一ヶ月半。「肘はよく動かす場所ですから、しっかり治さないといけませんね。とにかく安静にしてね」と、青ざめた顔をした長男を見て気の毒になったのか、医師はとてもやさしく言ってくれた。長男は小さく頷き、私も、ハイ……と力なく答えることしかできなかった。

今も長男は腕にギプスをはめた状態である。はじまったばかりのプールの授業は見学している（なにより水泳が好きなのに）。穏やかな彼は私みたいに痛い痛いと大騒ぎはしないけれど、きっと辛かっただろうと思う。それを思うと、なんだかとてもかわいそう。長男の肘の骨が一日も早くくっつくことを祈るばかりだ。

やっとのことで長男の骨折の痛みと腫れが引いた頃、今度は次男の担任の先生から電話が入った。学校でクラスメイトと喧嘩をしたというのだ。ついにこの日がやってきたかと、受話器を握ったままの姿勢で白目になった。

下校した次男は意気消沈し、肩をがっくりと落としたまま、ぽつりぽつりと事情を話すが、まったく要領を得ない。

「さっきから何言ってんだか、ぜんっぜんわかんないんだよぉ！　ちゃんと順序立てて説明しなさい!!!」とイラついて怒りまくった私に対し、次男は「ごめん」とひとこと言い、そのまま貝になった。よりによってこの状況で貝にトランスフォームか……ツライ……。

夕方になって、家まで駆けつけてくれた担任の先生に事情を聞き、すべてを把握した。まったくもってうちの息子がすいませんでした……という気持ちでうなだれるしかなかった。相手のクラスメイトの親御さんが、とてもやさしい言葉をかけてくださったのが幸いだった。しかし喧嘩の原因が、お互いを「ゴリラ」と「きのこ」と呼び合ったことだったと担任の先生に聞いたときは、さすがの私も膝から崩れ落ちそうになったのだが。

結局、怪我をした長男と、喧嘩をして落ち込んでいる次男の面倒を見ているのは、

18

傷だらけの俺たち

私ではなくてハリーである。大人しくてやさしいハリーは、息子たちの傷ついた心と体にぴったりと寄り添ってくれている。ギプスをはめているため外に遊びに行けなくなった長男は、家の中でハリーと遊ぶようになった。ハリーは長男のギプスが気になるようで、しきりに眺めては珍しそうにしている。しばらく落ち込んでいた次男だが、最近はハリーをまくらにして寝転んでゲームをしたり、一緒に宿題をやったりと、穏やかな時間を過ごしている。

今はハリーのほうがいいのだろうと思い、私は特別に何かするわけでもなく、淡々と料理や洗濯をし続け、毎日学校に持っていく水筒を洗い、今となっては私の靴よりずいぶん大きくなった二人の靴の紐を結び直したりしている。

ハリーを見ていると、静かにそばにいることの大切さを思い知る。何も言わなくていいから、とにかくずっとそばにいることで与えられる安心感があるとハリーは教えてくれる。本当のやさしさとは、大げさなことじゃあないんだよと、ハリーの黒い瞳が私に言っているような気がする。

慌ただしい日々の中で、ふと気づけばハリーはやっぱり私や息子たちのそばにいる。

もうしばらくは彼に頼っても叱られないだろう。なにせ、息子たちはハリーを心から愛しているのだから。

19

雨はイヤでも水は好き

私が住む琵琶湖のあたりもとうとう梅雨入りしたそうだ。しかし、今年は気象庁が統計を取りはじめた一九五一年以降、最も遅い梅雨入りだったらしい。

それもそのはずで、六月下旬になっても空は抜けるように青く、美しく、ベランダに山ほど干した洗濯ものはあっという間に気持ちよく乾き、ハリーは毎日ザブンザブンと元気に泳いでいたのだ。ずぶ濡れになるまで泳いだあとも、浜辺で何度か体を振るえば、絨毯《じゅうたん》のようにみっしりと隙間なく生えたハリーの毛に吸収されたたっぷりの水も、ほとんどすべてきれいに乾いてくれた。それほど、心地よい天気が続いていた。

天気がいいのはうれしいことだが、なかなか梅雨入りしないことで気になっていたのは琵琶湖の水位である（そんなの私だけだろうか）。

怒った滋賀県民が京都府民に対して「琵琶湖の水、止めたろか」と言うなんて都市伝説があるが、あれはまったくの誤解だと思う。滋賀県民は基本的に穏やかでやさしい人が多いから、「水止めたろか」なんて乱暴なことを言うわけがないのだ。むしろ、「お水、きれいに溜めときますんで、流してええときに言うてくださいね」ぐらい、普通に言いそうなんである。

ということで、滋賀県民である私は焦っていた。このまま梅雨入りが遅れれば、関西の水瓶《みずがめ》である琵琶湖の立場は⁉ これから夏なのに水不足だったらどうしよ？ 琵琶湖の立場よりもそっちが重要じゃない？ と、一人で心配していたのだ。

自分でも不思議なのだが、年を重ねると、それまでまったく気にならなかったことが、いきなりとても気になりはじめる。そして、とても気になりはじめるそのことは、他人からしたら究極にどうでもいいことが多い。私の場合、それが琵琶湖の水位というわけなのだ。

そんな心配な日々を過ごしていた六月だったのだが、第三週に入ったあたりで、ようやく、雨がぽつりぽつりと降るようになり、ぐっと湿度も高くなって、第四週を迎

19

雨はイヤでも水は好き

えると、めでたく関西は梅雨入りした。私は素直に喜んだ。これで庭木に水をやらなくて済むし、なにより、琵琶湖の水位は安泰である（たぶん）。しかし、梅雨入りでがっくりきている生きものがわが家にいる。もちろんハリーである。

実はハリーは雨が嫌いだ。あれだけ泳ぐのになぜ雨が苦手なのかまったくわからないが、少しでも雨が降っていると外に出たがらない。それでも無理に外に出すと、雨粒が顔に当たるのがイヤなのか、忙しく瞬きをしながら鼻にしわを寄せて、白い前歯をちらっと見せて、鼻からブシュッ！　と音を立てたりする。リードを引っ張っても、首のまわりのダブダブの皮膚が首輪に押されて上へ下へと移動するだけで、てこでも動かない。丸くて大きな目でじっとこちらを睨んで、「動かないよ、絶対に」と主張する。

梅雨の雨が降り出してからは、ハリーは朝の散歩をサボって家でまったり過ごすようになった。朝のトイレさえ済ませれば、ハリーには用事も仕事も見たいテレビ番組もないから、寝ているだけである。それはそれで楽しそうなのだが、気になるのは、せっかく少しだけ痩せたハリーが再び太ってしまわないかということと、ヒマを持て余したハリーが家の中でいたずらをはじめたことだ。

私のまくらを皿回しのように回しまくるハリーに困った私は、雨の中ハリーを歩かせるのを諦めて、車に乗せて琵琶湖のすぐ前までわざわざ連れて行き、泳がせることにした。一体何が散歩なのか、誰が飼い主なのか、意味がわからなくなってきた。私は仕事がしたいんだ。お前に振り回されて一日過ごすわけにはいかないんだよ!!

ハリーは雨が嫌いだというのに、なぜだか琵琶湖を見るといきなりスイッチが入るようで、雨がザーザー降っている浜辺をいつものように爆走し、水にも遠慮なく飛び込んでいる。雨と湖の水の差はなんなのだ。どこで区別しているのだ。飼い主はどこまで妥協すればいいのか。この状況は傍目《はため》に不思議ではないのか?

まあいいや、ハリーは楽しそうだし、雨も降って琵琶湖には水がたくさんあるし、私はずぶ濡れだけど、これでいいんだろう……と、無理に納得する日々だ。

ちなみに滋賀県は琵琶湖を「関西の水瓶」と表現することを避けているようだ。なぜならその表現は、琵琶湖をまるで無機質な入れ物のように思わせるからだという(と、若干ムッとしているらしい)。長年にわたり琵琶湖を水瓶と呼ばれ続けた滋賀県が傷ついているような気がしてならない。

とりあえず、ハリーは琵琶湖が大好きだから、滋賀県のみなさんは元気を出してほしい。

20

今年も夏がやってきた！

ハードな翻訳作業が続き、ふと気づけば夏になっていた。雨が降らないじゃないか、善良な滋賀県民としては琵琶湖の水位が大変気になる、と焦っていた梅雨スタート時の私だったが、珍しく真面目に仕事をしたおかげで、煩わしい雨期を知らず知らずのうちに乗りきってしまったようだ。

いつの間にか鳴きだしたセミ。強い日差しを遮り、部屋の中に涼しさをもたらしてくれる庭木の緑。日に焼けた中学生が、笑いながら家の前を通り過ぎていく。ああ、夏である。美しい夏だ。

いくつになっても、夏はいい。夕暮れ時に空が赤く染まる様子を見ると、世界にこんなにも心を打つ色があるのかと考える。小学生の頃、自室の窓から見た太平洋に沈

20

今年も夏がやってきた！

んでいく大きな夕日も、同じような赤だった。もう何十年も前の記憶なのに、あまりにもいきいきと蘇《よみがえ》ってくる。

今、私が見ているのは、雄大な比良山系《ひらさんけい》に沈む夕日だけれど、心を揺さぶられるその鮮やかな色に、あの頃と同じように魅了されてしまう。海の青、山の緑、夕日の赤。若い時には理解できなかったけれど、景色を構成する自然の色ほど美しいものはない。それなのに、目の前にあればあるほど見過ごしてしまうものだ。

すっかり中年になった私は、それらをひとつ残らずこの目に焼き付けようとする。私が子どもだった頃、なんの変哲もない景色に両親が感動していたのは、なるほどこういうことだったのかと今になって理解する。

さて、わが家の黒犬である。なぜだか雨が大嫌いなハリーは、朝のトイレを済ませると、クーラーのきいた部屋にそそくさと戻り、日がな一日ゴロゴロとして梅雨を過ごしていた。

私が仕事をはじめると、定位置に寝転んでうっとりと私を見つめていると思いきや、一分ぐらいで深い眠りについてしまう。そのままずっと寝て、夕方にあくびをしながら起きてきて、水をゴブゴブと飲むような日々だった。

まったく理想の生活だなあとうらやましい限りだが、首のあたりのダブダブとした皮膚が、最近、よりいっそうダブダブしてきたように見える。犬というのは、あっという間に太る生きもので、ハリーもこちらが気を緩めると一週間でずっしりと重くなる。私とハリーの朝の散歩も、そろそろ再開の時期を迎えたのである。

ハリーとの散歩にはかなり気をつかう。なにせ真っ黒だから、気温の高い時間は避けねばならないし、真夏であれば散歩ははなから諦め、泳がせることに徹底したほうがハリーにとっては安全である。

久しぶりに朝の散歩に出ようと決めたその日は、朝から曇りがちだったが、山から吹いてくる風が涼しくて心地よかった。梅雨の終わりごろにある、爽やかな日で、ハリーも外に出ることをまったく嫌がらなかった。私も、久しぶりにハリーと歩くことがうれしく、お気に入りの首輪とリードをつけて、それじゃあ、軽く家の周りを行きますか！　とばかりに上機嫌で歩きはじめたのだが……。

とある道に入った瞬間、ハリーの動きが止まった。右に行けば山、左に行けば琵琶

20

今年も夏がやってきた！

湖という分岐点で、ハリーは左を向いたまま一ミリも動かなくなったのである。

当然、右に行こうと主張する私と意見が対立した。私ひとりでハリーを湖まで連れて行き、泳がせるには車が必要だ。何かあったらハリーを積み込んでさっさと戻ってくるためだ。徒歩で湖に行くのはダメである。何かあったら、もうそのときは地獄しか待っていない。というわけで、久々に徒歩での散歩をしていたその日、私は右の山方向を主張したのだけれど、ハリーは頑として譲らずに、そのうち、表情が卑屈になってきた。

だ・か・らっ！　今日は、湖には、行・き・ま・せ・ん‼　と言い、私も譲らなかった。双方譲らず、三分ぐらいが経過したときだった。ハリーが突然、右の山方向に走り出したのである。

卑屈な表情が面白いと写真を撮影していたところをいきなり引っ張られた私は体勢を崩し、結果、ｉＰｈｏｎｅは宙を舞い、メガネが吹っ飛んでいった。それでもぐいぐい引っ張ってとまらないハリーに「オイッ‼　とまれ‼」と叫びつつ引きずられていく私を見ていた農家のおじいさんが、腹を抱えて大笑いしていた。

結局ハリーは、そのまま山方向にグイグイ進み、そしておもむろに方向転換すると、家に向かって一直線に戻ってしまった。

「あんたが湖につきあわないのであれば、俺は家に戻るまでだ」と、その真っ黒な後ろ姿が物語っていた。

結局、走って家に戻ってしまったハリーをそのまま留守番させ、眼鏡を探しに戻り、やっとのことで回収し、私も家に戻ってバタリとベッドに倒れこんだ。ハリーは、そんな私の横にそっと寄り添って、いびきをかいて寝ていた。まさかそれがやさしさなのか。毛むくじゃらの体が熱かったから、全然眠れなかった。

二〇一九年の夏も、こんな感じで大騒ぎである。

村井さんに聞く

［聞き手］
青山ゆみこ

青山ゆみこ
AOYAMA YUMIKO

1971年神戸市生まれ。
『ミーツ・リージョナル』誌副編集長などを経て独立。
2006年よりフリーランスのライター・編集者。
現在は、単行本の編集・構成、雑誌の対談や
インタビューなどを中心に活動。
愛猫「シャー」と夫の三人暮らし。
著書に『人生最後のご馳走』（幻冬舎文庫）。

青山　『犬《きみ》がいるから』以降のウェブ連載をまとめた本書を読んで、その変化に驚いたんです。理子さんが病気をされて回復して、双子の息子さんは小学生から中学生になり、ハリーは二年半の間に子犬から成犬になった。ご家族の皆さんの状況も変わったけれど、なによりハリーを取り巻く関係性みたいなものが変化していることが、強く印象に残りました。

村井　そうですよね。いろんなことがどんどん変わっていますよね。

青山　ハリーに対する、犬ってこんなにかわいくて、こんなに大きくなっていくんだという驚きを含めて、真っ直ぐな愛情は変わらない。でもやっぱり前とは少し違う愛情も感じたんです。

村井　もう、以前の「熱狂」みたいな愛情ではないですね。ハリーもすごく変化していて、どちらかというと、一日中、凪《なぎ》のような状況というか。朝起きて、私と散歩に行って戻ったら、専用のベッドでガーッと寝てる。私もすぐに仕事を始める。私とハリーの生活をとらえると、それだけなんですよ。ずっと横にいるだけ。後は、三時頃にむくりと起きて、ちょっと食べて。ずっとそういう静かな生活。最近は次男にべったりで、もう私とは一緒に寝てくれなくなって。理由はわからないけど、ハリーにも心境の変化か何かがあるんでしょうね。

青山　わからない、というのもおもしろいですよね。人間だったら聞くこともできるのに。いつ頃から変わり始めた感覚がありますか。

村井　二歳になったあたりで、なんだかぐっと静かになったという感じはありました。

青山　今日ね、初めて会うハリーにばーんと飛びつかれて、わーきゃーって大変なことになるんじゃないかとちょっと緊張してたんですけど、全然そんなことなくて、逆に寂しいぐらい（笑）。

村井　結構あっさりになってきたんですよ。昨年あたりはまだ人間にべったりだったのに。昨年批評家の若松英輔さんがいらしたのですが、そのときは、まだ子犬でしたからわりとキャッキャしてましたね。若松さんってものすごく犬好きなんですよ。車に乗ったときも、「この車、臭いですね。動物園のそれだ」みたいなことをニコニコ笑いながらおっしゃる（笑）。ハリーもすっかりなついちゃって。

青山　それがちょっとうらやましいような。猫はなかなかそこまで愛情表現されるということがないから。

村井　そうはいってもいろいろありますよ。本文でも書きましたが、つい一週間ぐらい前に、散歩の途中ですっごい引っ張りまわされて、メガネが飛んでっちゃって、田んぼで作業してたおっちゃんが笑ってました（笑）。

青山　むごい……（笑）。

村井　理由はあるんです。夫と息子二人と行く夜の散歩は、男三人は自転車に乗って、すごいスピードでハリーと一緒に琵琶湖まで走る。ハリーは散歩ってそういうものだと思っているから、私が普通に歩いて散歩する時も走っちゃう。

青山　ハリーの中では、男子との散歩と、理子さんとの散歩は区別されているんですか？

村井　あんまり区別できてないから、そんなことになるんでしょうね。ただ、散歩のときにつけるのが、首輪のリードか、胴輪みたいなハーネスかの違いでは区別してるようです。リードだと、「よっしゃ！」って引っ張る。でもハーネスだと、「あ、今日は引っ張ったらあかんねんな」と。ただ、そのときは私が横着してハーネスをつけずにリードで散歩に行ったんですよ。もう大丈夫だろうと思って。

青山　そうしたら、ハリーは「よっしゃあ」という状態に……。

村井　「行くよー！」って、いきなりドドドドドーッってすごかった。こっちも必死で止めようとして、そこから五分ぐらいにらみ合いの大ゲンカ（笑）。最終的には向こうが陥落しましたけど。

青山　理子さんも、そこは絶対負けたらだめだと思っている。

村井　負けたらあかん。でも、ハリーにとって私は基本的におっかない存在なので、やっぱり絶対に譲りますよ。

青山　でも、お互いに意地があるから、簡単には譲れない。

村井　ハリーにすれば、「あれ、今日は首輪がないのにおかしいな」という感覚もあったかもしれない。私は私で、引っ張り回されて、また自信喪失みたいな感じで……（笑）。

青山　毎朝の散歩は理子さんが行かれるんですよね。

村井　そうですね。田んぼ沿いを一周ぐるっと回って一時間ほどのコースで帰ってきます。でも夏場は暑いのでハリーも行きたがらないから、夜の散歩だけの日もあります。あと、ハリーは雨が降っていたら絶対に外に出ない。頭に水がかかると、ものすごく嫌な顔をするんですよ。濡れるくらいならトイレも行かない。ぎりぎりまで我慢してる。

青山　よく琵琶湖にざぶざぶ入ったりあれだけ水の中で泳いでいるのに（笑）。湖での散歩はどれぐらいの時間をかけてするんですか？

村井　ハリーはほんとに琵琶湖に飛び込むのが好きでよく泳ぐし、フリスビーを投げて取りに行かせたりして、一時間ぐらいたっぷりの距離を走らせてやると、体力を使うのであとは一日おとなしいですね。ただ、この子は別に散歩に行かないなら行かないでも大丈夫なんですよ、家が一番好きなので。外はついでみたいな感じなんです。

青山　へええ、それは意外でした。そうやってある意味、生活のペースが単調になってくると、変な言い方ですが、書くネタに困るってことはないんですか？

村井　ハリーの生活に変化は少なくなっても、子どもが成長してきたことで、彼らと犬との関わりあいに変化があるんですよ。次男は力が強いので私の役割をちょっと担ってくれるようになったり、おとなしい長男のそばにずっと一緒にいてくれたり。

青山　ハリーの立場が、家族の中で変わりつつあるんですね。

村井　各自がそれぞれのやり方や思いで、ハリーのことをすごく大事にしていますね。そのときは、「家族の犬」というより「自分とハリー」という「一対一」の関係があるんです。長男は長男で、次男は次男の世界で、私は私で。だから家族の四人がハリーに対してすることが全然違うんですよ。

青山　私たちは、理子さんを通してハリーを見ているけれど、家族それぞれに話を聞いてみると、実は全く違う風景だったりするかもしれない。

村井　そうだと思いますね。ハリーも人によって対応をすごく変えるんです。

青山　猫ってそこまではっきりしてないですよね。違いはあるけど、例えばうちの主人と猫の関係性がどうなのかなんて、考えたことなかったです。

村井 犬のほうも遊び方を心得ているところがあります。ラブラドールって本当に頭いいなと思ったことがつい先日もあったんです。次男がふざけて剣道の胴着をリビングで着ていたんですね、竹刀を持って。そうしたらハリーがすごく驚いてビクッてなった。どうするのかなと見ていたら、ハリーがキッチンマットをくわえて、ブルンブルンって竹刀に対抗し始めたんです。

青山 ハリーは次男くんだとわからなかったんですか？

村井 誰かはわかる。でも、あの防具が怖いから、「急に何？」「竹刀、何？」みたいな感じで（笑）。

青山 ちゃんとわかってるんですね。

村井 ほんと頭いいなとすごく驚きましたね。面白かったので、写真も撮ってあるから、またネタにして書こうと思ってとってあるんです。

青山 今もそこのベッドにハリーが寝ていますけど、自分の話をされていることはわかっているんですか。

村井 はい。「ハリー」と口にするとわかるから、ずいずい出てくる。なに、俺の話か、みたいな感じで（笑）。ああやって普段はずっと寝ているけど、勤勉なところもあるんですよ。私が車で外出するとき、必ず「お供します」という感じで助手席に座る。私は事故が怖いから、あんまり乗せたくないんですけど。

青山　町の人は驚いていませんか。

村井　ものすごくびっくりしてます。ちょっと人間っぽく見えるので、信号待ちなんかで、横を見たら「なにっ？　ギャーッ」って。

青山　わはは。

村井　ツイッターでも少し書いたんですけど、この前、私が家に帰ってきたら、ガス会社のお兄さんが庭でプロパンの点検をしていたんです。挨拶をしようとドアから出たら、ハリーがすぐに助手席から運転席に飛び移ったんですね。ハリーは運転席が大好きなんです。体が大きいものだから、ハリーが胸でクラクションを押してしまって、ものすごく大きな音がブーッて響いたんです。そうしたら、ガス会社のお兄さんが、大慌てでビューッと帰ってしまって。どうやら私が「なにしとんや、出てけやー」ってクラクションを鳴らしたと勘違いされたみたいで。そのとき長男も車に乗っていたので、「ガスのお兄さん、なんて言ってた?」と聞いたら、「すいません、すいませんって謝ってた」って。慌ててガス会社のトラックを追いかけたんですよ、もう追いつけなかったけど。

青山　理子さんがひどい人になっちゃった（笑）。

村井　若いお兄さんで、きっと彼は今日一日すごく嫌な気分だろうなと思って、ガス会社に電話したんです。電話口に出た人がものすごく笑いながら、「すみません、もう一回言ってください」「ですから犬が胸板で押してしまったんです」って何度も説明して。「ご住所とお名前もう一回お願いします」と笑いながら聞かれて、途中から、これ、もしかして電話かけないほうが良かったのかなと（笑）。

青山　ハリー自身は音に驚かないんですか?

村井　よく鳴らすんですよ。というよりも、とにかく運転席に乗りたがる。私が車から降りたら、ここぞとばかりにバッて移動して、運転席で待っていたがる。私が車に戻ってきてドアに手をかけてカチャッと音が鳴った瞬間に、ダッと助手席に移動する。私が運転席にきたら自分は助手席というのがハリーの決まりになってるみたいで。そのときに、体が大きいからクラクションに当たってブーッと押しちゃうんですよね。それもプップッじゃないから、鳴らされた方はすっごく気分が悪いでしょう。ほんと困ってます（笑）。最近はブーブーやられるのを見越して、運転席のイスをかなり後ろまで引いてから車を降りるようにしています。

青山　ハリーの中にもいろんなルールができてきてるんですね。

村井　今はスマートスピーカーに、子どもが家を出る時間、私が出る時間なんかをリマインダー設定してるんですよ。リマインダーが鳴ると、ハリーはもう覚えているから、玄関にすっ飛んでいく。ハリーがリマインダーかって感じ（笑）。あの子なりにいろいろ考えて行動していますよね。

青山　今日、理子さんの家に来てみると、ハリーの存在感の大きさをすごく感じたんです。息子さんたちが学校に行かれて、ご主人がお仕事に出られても、ハリーが同じ屋根の下にいるということで、ずいぶん気持ちが違うのかなと思ったり。

村井　そうですね、気分的にはずいぶんいいですね。今までもいつも犬がいる生活だったけど、やっぱりちょっとハリーは特別です。大きさもそうだし、性格がずば抜けて面白いというか、交流ができる犬なので。ラブラドールの性質だと思いますけど、会話をしているようなやり取りができるんです。家の中でも私が動くところに延々とくっついてくる。トイレに入っていても、ドアをバーンと開けて入ってくるし（笑）。お風呂に入っているとお風呂の前でずっと待ってる。そういう意味では犬との意思の疎通ができるのがすごく楽しいですね。そんな犬は、今までいなかった。

青山　犬によっても全然違うんですね。

村井　違いますね。前足で語るというか、何かして欲しいときにドーンと押してきたり、手をかけてきたり、愛情を素直に出してくるんですよ。これまで飼ってきた犬は、「一〇〇％犬」として一緒に暮らしてきて、もちろんそれでいいんだけど、なんだかハリーは人間ではないけど、犬の中でも少し特別な感情を持った犬なのかなあという感じがします。なんだろ、ちょっと不思議な子ですね。例えば、家族全員の顔色を見て、それぞれに別の注文をするんですよ。私には餌よこせだとか、長男には長男に、次男には次男にと、顔を見て対応を変えてくるの。

青山　すごく賢いですね。

村井　だから一緒に暮らしていて楽しいですね。みんながハリーの愛を奪い合うというか、「俺が一番好かれている」という愛され競争になってきてる。

青山　ハリーもそれぞれに愛を持っているんでしょうね。この人といるときはこの人との関係をめいっぱい楽しもうって。

村井　犬でも年齢によって変わってくるんですよ。若いときは一緒に動いてくれる人が一番好きだけど、晩年になったり、病気をしたりすると、全然違う人のそばにいるようになるんですね。おばあちゃんとかおじいちゃんって猫にモテるじゃないですか。あれは動かないからですよね。犬も同じようなところがあって、晩年になるとやっぱりずっと静かに一緒に過ごしてくれる人が好きで、ワーッと騒いだりする人や、子どもを嫌いになってきますよ。犬なりに相手を替えていくんでしょうね。

青山　今、ハリーに困ってることってありますか。

村井　よく食べる（笑）。一日に、大きなボウルに山盛り二杯ですね。それだけの量に加えて、例えばおやつなんかが欲しくてあげないとワンワン、ワンワンと本当

「ちゃんと聞いてるよ！」

に声が大きくてうるさいので、鼓膜が破れそうになる。ハリーが本気出したらすごいですよ、鍋がキーンって反響する。それでも、私がだめーって言うとケンカになるんです。

青山　黙るまで待つんですか？

村井　ハリーと二人っきりのときは、無視しますね。でも、夫や息子たちは耐えられないからあげてくれって言うんだけど、太っちゃうからだめなんですよ。私はもう慣れちゃったので無視。十五分ぐらいしたら、ハリーも根負けしてふて寝してます。吠えるのもしんどいし、もういいやと思って諦めて、また後から吠えてやろうみたいな感じで寝てる（笑）。あとは、予防の薬代は大きいですね。体がＸＬと大きいので、薬も一番高価なタイプになる。田舎なのでダニ対策は通年必須だから、最低限の予防接種とノミ・ダニとフィラリア対策の一回の予防で五～六万円はかかってます。

青山　食べ盛りの中学男子が二人もいるし。うちは中年夫婦と猫でしょう。かかる食費の桁が違うんじゃないかなあ。

村井　エンゲル係数はすごいですね。米とドッグフードをものすごく大量に買ってる気がする。ハリーがとにかくすごく食べます。それでもかわいいですけどね。全然病気もせずに元気でいてくれるし。

青山　それが一番ですよね。いま二歳半でもう成犬ですよね。いわゆる成犬の期間は何歳ぐらいまでなんですか。

村井　七歳ぐらいが人間でいえば働き盛りの五十歳ぐらいの感じかなあ。九歳になるともうおじいちゃんな感じがしますね。大型犬はどちらかといえば短命なんです。とはいえ、最近やっぱり医学の発達で、犬も長生きが多い。ラブラドール・レトリバーもゴールデン・レトリバーもガンが多いんですよ。ガンにならなかったらけっこう長く生きますね。

青山　理子さん、さっきからハリーが階段の踊り場から階下をじっと見下ろしているじゃないですか。あの場所もホームポジションの一つなんですか。

村井　一階にカメラマンさんがいるから、上から見てるんですよ、何やってるのかなって。

青山　そっか。一つ一つ行動に意味があるんですね。

村井　そうですね、ハリーなりの理由がちゃんとあるんですよ。

（二〇一九年七月、村井邸にて）

あとがき

豊かな自然に囲まれた地域に長らく暮らすと、身の回りの生きものの、その生から死を一つの当たり前の流れとして受け止めることができる人になるか、そのひとつひとつの命の終わりに感情を乱される人になるか、だいたいこの二つのパターンに辿《たど》りつくような気がする。私の場合、後者になったと思う。

この数年で、動物の死を当たり前の運命として理解することに時間を要するようになった。ゆうべ鹿を車で撥《は》ねてしまったと、それを平凡な日常に起きた小さなハプニングとして話すことができる人と、それを口にすることができず、車体の傷をただ見つめることしかできない人がいる。どちらが正しいという話ではない。感情というものは一筋縄ではいかないのだから、そこにはっきりとした答えはない。自然に囲まれた環境で暮らしている限り、死はよくあることで、よくあることだからこそ、その都度、感情をわずかでも動かさずにいることは難しいのではないか。自分の動物に対する揺れ動く感情には、そう理由付けをしている。

例えば道路に横たわる老猫の死体だとか、田んぼのあぜ道で息絶えているカラスだとか、羽根に釣り糸を絡ませながら湖岸に佇む飛べない鵜《う》だとか、田舎ではさほど珍しくもない光景をなにげなく見てしまったとき、無性にやるせなくなり、心が沈むことが増えた。大雨の日に道路を横断して死んだ亀の、その姿がいつまでも記憶に残り、ふとした瞬間に思い出されて辛くなる。

それまでその生きものが過ごしてきた時間を、どうにかして頭のなかで辿りたいと思う。そして最後の瞬間を考えて、うなだれてしまう。何を今更と思う自分と、なぜ今まですべて見過ごし、そして何も感じることなく生きてくることができたのかと疑問に思う自分がいる。

偽善だと指摘されれば返す言葉もないが、数年前から動物の死に対してこんな感情を抱くようになり、今はもう、どこへ行って何を見ても、そこに動物の命を感じた途端、視線を泳がせることが増えてしまった。何も見ず、何も聞かずに暮らしていけたらありがたいとまで考える。年齢のせいかもしれない。

それではなぜ、私は犬を飼い続けるのだろう。人間よりもずっと短命で、多くの場合、こちら側が見送る役割を果たさなければならない存在と、なぜ私は好んで暮らすのだろう。

自分でも矛盾していると思う。動物の命の紆余曲折を目の当たりにすることに重い負担を感じる自分が、生命の輝きを発散し続ける大型犬を飼うことの意味を考え続けている。その輝きは、いつか力を失い、やがては消えていく。そんなことは、誰よりも知っているというのに、私は再び犬と暮らすことを選んだ。大型犬を飼えば、人間の生活に多くの制限がかかることもすべて承知で、その暮らしを選んだ。今でも、なんて大胆な決断をしたのだろうと驚いてしまう。そして、あのときは大型犬のことなどこれっぽっちも理解できていなかったなと、その無鉄砲さに思わず苦笑いしてしまう。

今まで飼った犬たちは、それぞれが晩年に病に倒れ、闘病をし、最後は痩せ衰えた姿になって死んでいった。彼らが病にかかったと知るやいなや、私はすべての湿った感情を封印して、ありとあらゆる手を尽くし、なんとか楽に死なせてやろうと必死になった。いつの日か必ずやって来る最後のときに、これっぽっちも苦しむことがないように、それまで一緒に暮らしてきた十年超の時間が悲しいものになってしまわないように、努めて事務的に、完璧に動くことで、自分の感情を押さえつけてきた。とうとう命が終わりを迎えたとき、無事に送ることができたという安堵《あんど》で、愛する動物を失った悲しみをすべて封印してきたように思う。もしかしたら、それは達成感だったのかもしれない。そして、彼らが愛用していた食器類をそそくさと片付け、首輪を物置の奥にしまい込み、苦しい日々をあっさりと精算したつもりだった。

でも、それで本当によかったのだろうか。

今になって、そんなことを考え続けている。もっともっと、思い切り悲しんでもよかったのではないか。悲しむことは苦しいことだとはいえ、それをあえて避けて、彼らの死は致し方ないことであり、よくある別れのひとつであると自分に言い聞かせなくてよかったのではないか。

ハリーを迎えて二年半が経過し、今まで経験したことがないほど犬と密接にふれあう時間を過ごしながら（そのような生活を大型犬飼育は要求するから）、動物と暮らすことの本当の意味を今までの私は理解できていたのだろうかと問い続けずにはいられない。

ハリーは、私をこのような気持ちにさせる犬だ。私に、今までの自分のあり方を問う犬だ。私に動物本来の姿を見せ続け、今一度考えてみろと促しているようだ。

盛り上がった筋肉が躍動する様は、生命力の強さの象徴であり、犬という生きものの身体能力の高さの証明だ。ハリーは間近でそれを私に見せてくれる。力の強さは、簡単には人間に従わないぞという、犬の誇りのようにも感じられる。私はそれに、この二年半で何度も泣かされてきたし、同時に感動してきた。言葉を理解し行動する様は、ラブラドール・レトリバーという犬種に備わる使役犬としての能力の高さを示している。そして、どんな相手にでも合わせることができる優しささえ持ち合わせているのだ。

私はそんなハリーに対して、簡単には説明できないような、複雑な感情を抱いている。私はハリーのことを、これまでになかった形で、自分にとって大切な存在として認識しているのだ。ハリーの力の強さは私を振り回すけれど、同時に、その大きな存在感は私の心を落ちつかせている。凛々《りり》しい表情や立ち姿も、私を誇らしい気持ちにしてくれる。動物の美しさを教えてくれたのはハリーだろうと思う。

これはきっと、ハリーが私の人生に現れたタイミングにも理由があると思う。ハリーは、私が人生の大きな節目にあったそのとき、わが家で私の不在を埋める役割を果たしていた。私が二ヶ月近く家を空けていた二〇一八年初旬、私の家族の心に寄り添っていたのはハリーだった。

本来であれば、自分の命の心配をすべき時期に、私は子犬のうえに分離不安の強いハリーの心配ばかりをしていた。ハリーを心配するあまり、私は自分の深刻な病状をあっさりと忘れ去ることができた。これはある意味、奇跡の巡り合わせだったのではと、私は勝手に考えている。

私はハリーをまるで親友のようにも、そして子どものようにも考えている。息子たちとの間に些細《ささい》ないざこざがあったときはハリーに仲介役を頼むし、自分の体調が整わないと思うときや、体力をつけねば仕事を乗り切ることができないと感じたときは、ハリーの都合も考えずに「ちょっとつきあってよ」と外に連れ出して、一緒に歩き回ったりする。悲しいことがあると、その真っ黒な両目を覗き込み、なんてかわいいのだろうと思うことで、心配ごとから自分の気持ちを逸らしている。

そんな日々を重ねるうちに、ハリーはあっという間に大きくなり、あんなに激しかったいたずらが影を潜めて、落ち着きのある成犬になった。少し寂しいような気もするが、その成長が眩《まぶ》しいのは、まるで息子たちに抱く感情とそっくりである。

結局私は、犬を通して、時の流れの早さを見ている。私の時間も、家族の時間も、確かに流れていることを感じている。私は犬を通して、繰り返す平凡な毎日の、かけがえのない美しさを理解している。変わらないことは、実は尊いのだと教えられている。そして、犬がただそこにいてくれることが、幸せを運ぶのだと知った。それを知ることができてよかったと胸をなで下ろしている。このままずっとこんな時間が続けばいいと強く願っている。つまり私は、自分が最も理解できず、最も頭を悩ませている人生というものについて、犬を通して向き合う日々を過ごしている。犬と過ごすことで、日々感じているわずかな痛みを癒やしている。ともすると膨らみそうになる不安を封じ込めている。犬を抱きしめることで、ふとした瞬間、心に空いてしまいそうな穴を、なんとかして塞いでいる。

そして私はたぶん、ハリーと別れる日への覚悟を毎日少しずつ固めながら生きているのだろうと思う。かわいいねと声をかけつつ大きな頭をなでて、だいじょうぶだよ、これからもずっと元気に暮らしていこうねと何度も繰り返す。今日も元気だね、安心だねと、何度もハリーに語り続ける。その言葉はすべて自分にも向けられていることに、私は気づいている。ハリーに語りかける私は、自分にも繰り返し、だいじょうぶだと言い聞かせているのだ。

結局、私の人生のはじまりと終わりも、動物の命のはじまりと終わりと、なんの変わりもないことに私は気づいた。私も、いつの日かきっと老い、もしかしたら病を患い、そして別れの日を迎える。ハリーにもきっとその日がやってくる。遠いいつかであって欲しいけれど、きっと、その日はやってくる。家族全員が、ハリーと同じように年齢を重ね、それぞれの道を進み、そしていつかは別れていくのだろうと思う。それは悲しいばかりのように思えるが、だからといって、変わらない毎日の尊さは、なにひとつ色褪《あ》せることはないと考えられるようになった。ハリーのおかげだ。

だから私は、何度悲しい思いをしても、やっぱり犬を飼うのだろう。何も変わらないことの喜びを私に教え続けてくれるのは、犬しかいないのだから。

初出

本書は、亜紀書房ウェブマガジン「あき地」に「犬《きみ》がいるから season2」として
連載(二〇一八年八月～二〇一九年八月)したものに
加筆修正をほどこし、書き下ろし・語り下ろしを加えてまとめたものです。

村井理子

RIKO MURAI

翻訳家・エッセイスト。1970年静岡県生まれ。
学生時代をカナダ、イギリスで過ごし、
大学卒業後に翻訳の仕事をはじめる。
訳書に『ヘンテコピープルUSA』(中央公論新社)、
『ローラ・ブッシュ自伝 脚光の舞台裏』(中央公論新社)、
『ゼロからトースターを作ってみた結果』(新潮文庫)、
『ダメ女たちの人生を変えた奇跡の料理教室』(きこ書房)、
『サカナ・レッスン』(CCCメディアハウス)、
『兵士を救え！㊙軍事研究』(亜紀書房)など。
著書に『ブッシュ妄言録』(二見書房)など多数。
料理本『村井さんちのぎゅうぎゅう焼き』(KADOKAWA)出版や、
エッセイ執筆など、多方面で活躍中。

Twitter：@Riko_Murai

ブログ：https://rikomurai.com/

村井ハリー

[本名] ネルソン・オブ・サウス・カントリー・スター

2016年12月17日、宮崎県宮崎市生まれ、
2歳9ヶ月のラブラドール・レトリバー。体重45キロ(昨年より10キロ増)。
好物は、ブロッコリー、鶏肉、バニラアイス。趣味は水泳とフリスビー。

犬ニモマケズ

2019年10月7日　第1版第1刷発行

著　者
村井理子

発行者
株式会社亜紀書房
〒101-0051 東京都千代田区神田神保町1-32
電話　(03) 5280-0261
振替　00-00-9-144037
http://www.akishobo.com

装　丁
アルビレオ

カバー・本文(p.2-5, 対談)写真
福森クニヒロ

DTP
コトモモ社

印刷・製本
株式会社トライ
http://www.try-sky.com

Printed in Japan

大好評！　「イケワン」ハリーの本

犬《きみ》がいるから

大きくて、強くて、やさしい。
愛しのハリー！

生後３ケ月の黒ラブ「ハリー」がやってきた。元気いっぱいでいたずら好き、甘えん坊のハリーはぐんぐん大きくなり、家族との絆も深まっていく。愛犬と暮らす愉快でやさしい日々をいつくしむように綴るエッセイ集。

村井理子 著

村井理子の翻訳書

兵士を救え！ 珍軍事研究

メアリー・ローチ 著
村井 理子 訳

クソ真面目なのになぜか笑える、軍事サイエンスの試行錯誤を、「全米一愉快なサイエンスライター」が、空気を読まず突撃取材！

熱中症のメカニズムを解明する施設に直腸プローブ（体温計）をつけて入り、重い荷物を背負いながら実験に参加。原子力潜水艦テネシーに乗り込み、睡眠不足に悩む乗組員の各種演習を見学……。「殺すのではなく、生かし続けるために」日夜続けられる、大真面目なのになぜか笑える研究・開発の数々がいま明らかに。

最新刊！　村井理子訳

黄金州の殺人鬼
——凶悪犯を追いつめた執念の捜査録

ミシェル・マクナマラ 著
村井 理子 訳

スティーヴン・キングが絶賛した
驚くべきシリアルキラー・ノンフィクション！

一九七〇～八〇年代に米国・カリフォルニア州を震撼させた連続殺人・強姦事件。「イーストエリアの強姦魔」「オリジナル・ナイト・ストーカー」「ゴールデン・ステート・キラー」などの異名を取った謎の犯人は、警察の捜査をかいくぐり闇に消えた……。
三〇年以上も未解決だった犯人を追い、独自に調査を行った女性作家による渾身の捜査録。